我的家，
这样装修超舒服

［日］久米真理 / 著　　燕飞宇 / 译

江苏凤凰科学技术出版社

· 南京 ·

くめまりのＤＩＹでつくる家、つくる暮らし 改訂版
© くめまり 2018
Originally published in Japan by Shufunotomo Co., Ltd
Translation rights arranged with Shufunotomo Co., Ltd. Through Bardon-Chinese Media Agency
Simplified Chinese translation rights © Phoenix-HanZhang Publishing and Media(Tianjin)Co.,Ltd.

江苏省版权局著作权合同登记 图字：10-2020-183号

图书在版编目（CIP）数据

我的家，这样装修超舒服 / (日) 久米真理著 ; 燕
飞宇译. — 南京 : 江苏凤凰科学技术出版社, 2021.2
ISBN 978-7-5713-1612-9

Ⅰ. ①我… Ⅱ. ①久… ②燕… Ⅲ. ①室内装饰设计
Ⅳ. ①TU238.2

中国版本图书馆CIP数据核字(2020)第268661号

我的家，这样装修超舒服

著　　　者	【日】久米真理
译　　　者	燕飞宇
责 任 编 辑	洪　勇
责 任 校 对	杜秋宁
责 任 监 制	方　晨

出 版 发 行	江苏凤凰科学技术出版社
出版社地址	南京市湖南路1号A楼，邮编：210009
出版社网址	http://www.pspress.cn
印　　　刷	天津丰富彩艺印刷有限公司

开　　　本	718 mm × 1 000 mm　1/16
印　　　张	8
字　　　数	138 000
版　　　次	2021年2月第1版
印　　　次	2021年2月第1次印刷

标 准 书 号	ISBN 978-7-5713-1612-9
定　　　价	32.00元

图书如有印装质量问题，可随时向我社出版科调换。

目 录 Contents

前言
DIY 生活的每一天

房龄46年，三室一厨的出租屋。
这就是我们的家，非常陈旧且狭窄。

结婚时，我们选择了这里作为新房，
但绝不能说是一个理想的选择。
一切都和我想象的完美生活天差地别，
这让我无论如何都不能接受，为此我郁郁寡欢了一段时间。

然而就是在那段日子里，
我接触到使我元气复活的"Do It Yourself"。
但是如何在这老旧的出租屋里享受新生活呢？
经过左思右想，最终我决定进行"可恢复原状DIY"，
也就是在搬家时家里还可以变回初始状态！
我的"DIY Life"就此拉开了序幕。

我学着不去只看家里的缺点，
与其想着"不可能喜欢上的"，
不如告诉自己"试着去喜欢起来吧"。
抱着这样的信念，我用四年半时间，逐步实现了梦想。
虽然还是那个大龄小家，但是因为加入了我的DIY，
家里那些以前不忍直视的地方，
已经不知不觉变成了我最爱的角落。

不过说来惭愧，其实在住进这个家之前，
对于"DIY"这个词，我听都没听过，
但即便如此，我也毅然开始了DIY之旅，
我发现自己慢慢爱上了这间房子和这里的生活。

房子新的也好旧的也罢，大的也好小的也罢，
快乐生活的条件其实都一样。
重要的不是你住在哪里，而是你以怎样的心态去生活。
这才是"DIY"教给我的最珍贵的东西。

改造前后大对比

2010

改造前

实现美观实用二合一，动线①不可大意

在4.5叠②的和式房间里设计开放式厨房完全没有美感，所以我选择了"自制橱柜"的巧妙设计。橱柜的体积很大，存在感也很强，可以隔断空间、放餐具架、当料理台……总之功能丰富，堪称厨房的主角，每天都发挥巨大的作用。正因为厨房平时使用频繁，所以我花了不少心思。为了创造出一个惬意、便利且能够专心做家务的环境，我做了不少调整。不过，通过自己的双手创造舒适的生活，正是DIY的神奇之处。

厨房

2014

改造后

①建筑与室内设计用语，人在室内室外移动的点，联合起来就成为动线。
②1叠约为1张0.9m×1.8m的榻榻米大小，即1.62m²。

将来

改造前

日式拉门大改造，"和室感"荡然无存

原本用推拉门隔开的厨房与和室形成了一个充斥着压迫感的小空间，于是我选择把拉门漆成白色，打造类似白墙的效果，果然整个房间都显得宽敞明亮了。为了让和室像洋室①一样实用，我又铺了木纹自粘地板，用一扇同样大小的木门取代了壁橱的推拉门，虽然开合方式还是左右推拉，但是看起来和平开门无异，一下子就扫除了原本的"和室感"。为了之后还能够恢复原状，拆除的推拉门就被暂时放进了顶橱里。

客厅

改造后

①日本房间分和室和洋室两种，和室指铺有榻榻米的日式风格房间，洋室指铺设地板的普通房间。——译者注

过去

2010

改造前

借助灰暗色调，DIY出清爽风格

一间又小又暗的4.5叠和室，不一定需要布置得特别明亮，沉稳的黑色和茶色也是不错的选择。于是我开始关注铝制窗框，又尝试把它同符合室内装潢风格的黑色铁窗格搭配，结果出乎意料，它们简直天造地设！黑色的点缀还让房间的风格更加中性化。这间房里除了有植物和书的摆放架，还有专门为喜欢做皮革小物的丈夫搭建的、用装蔬菜的木箱和踏板做成的工作台。能在家里为家人打造出一片自由培养兴趣的空间，我真是充满了成就感。

兴趣屋

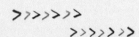

2014

将来

改造后

改造前

美观实用，功能强大的自制家具

卧室里只放孤零零的一张床就太单调了，所以我自己制作了一个植物和书的摆放架，既可以做床尾板，把卧室和兴趣屋隔开，也可以在架子上放上孩子的绘本还有植物，让房间的氛围更加活泼，还可以起到遮挡寝具的作用，一举三得。但如果架子的高度接近屋顶，狭小的房间看上去就愈发充斥着压迫感，所以把架子设计得矮一些才是关键。还有一个不可忽视之处就是内置的书架，它其实还有一个隐藏功能，就是可以当电脑桌。这样多功能的家具为小小的屋子赋予了大大的活力。

卧室

改造后

过去

2010

改造前

没有的东西就自己做，
品味私人订制的独特乐趣

"我回来了！"话音刚落，打开玄关，单调的和风的家一览无遗，想要做些改变的念头从脑海里跳了出来。我首先想到的就是可以隔断空间的大鞋柜。正因为没有原装鞋柜，所以改造起来特别方便，棕色的DIY鞋柜看起来好像很有分量，但其实很轻。打开门，第一眼看到的不是房屋内部而是整齐排列的鞋子。这样一来不仅收获了大量的收纳空间，对面的和室也眼不见心不烦了。"没有的东西就自己做，想要的东西也动手做"，这种精神就是令创意萌生的原动力。

玄关

2014

>>>>

将来

改造后

改造前

大型五用收纳架
就是令房间整洁的秘密武器

收纳空间位于我家6叠卧室的靠墙一侧。家里其他的房间都是4.5叠大小，唯有这一间是6叠，所以这个空间显得尤为珍贵。但我还是执意做了一个巨大的收纳架，缩减了实际使用空间。听起来很难理解对吧，但这可是一个兼具五种功能的神奇家具哦！来家里参观的人常常问我"工具都放到哪里去了"，其实就放在了这个收纳架里。即使家里的空间本来就已经饱和，不能再放其他家具了，架子上还是能展出自制的时钟、挂灯等DIY作品，不仅使人成就感满满，还让房间更加温馨。

收纳空间

改造后

房间布局

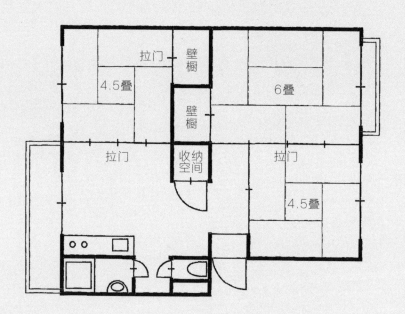

DIY=享受生活

推拉门，推拉门，推拉门！榻榻米，榻榻米，还是榻榻米！当初入住时看到的尽是这些。居住空间全被推拉门隔开，不仅是视野，连心情都好像被囚禁住，让人郁闷不已。

直到有一天，我在地面铺上堪称救星的地板贴，又把所有拉门全部收到了顶橱里……这小小的一步出乎意料地拉开了我DIY的序幕。即使房间布局不动，仅在原本的软装上贴上不会破坏房间构造的垫子、摆放符合家里大小的家具，也能使舒适感获得明显的提升。

在这期间，我对装修的审美不断改变，所以家里的东西也被我不断地改来改去，最终才呈现出现在的效果。心爱的植物随意地摆放在屋里，屋内呈现出不被审美所束缚的随性风格。如果当时我找设计师来帮忙的话，可能房间的风格会更加自然大方。不过我现在更加关注当下，思考自己到底想要什么，然后再下功夫。正是日积月累的坚持才令我感受到了DIY耐人寻味的乐趣。家、生活和DIY，它们是我生命中同等重要的事情，也将会在未来陪伴我一直走下去。

房间大小无法改变，基础布局也无法选择。
但是，通过DIY我做到了现在的样子。

将来

2014

> 4年半的努力后，
> 现在的房间布局

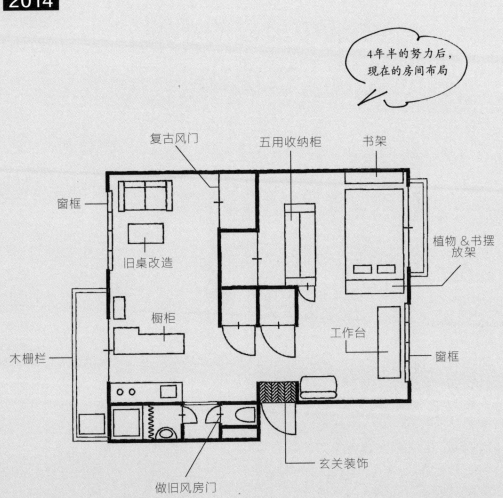

复古风门　　五用收纳柜　　书架

窗框

旧桌改造

植物 & 书摆
放架

橱柜

木栅栏

工作台

窗框

做旧风房门

玄关装饰

生活中最爱的小细节 TOP10

No. 1

阳光闪耀

我喜欢早晨柔和的阳光。

起床后拉开窗帘，打开窗户，

阳光下的白色瓷砖闪闪发亮。

清晨，如此惬意又寻常的风景打动着我的心。

清风拂面，也温柔地吹动窗帘，

风每来访一次，

便吹散洒在床上的光影，

搅动我荡漾的心。

一切美好的瞬间都让我觉得，

就算制作家具的过程中出现失败，也没关系，

现在就是最好的时光，

因为"光和影"也会帮我润色。

阳光闪耀，

才是生活不可缺少的最美点缀。

玻璃和瓷砖上
映出清晨的光辉

厨柜上放置一个小小的架
子，放上日常使用的玻璃
制品。白色瓷砖上映出玻
璃的琥珀色与绿色相得益
彰，让人如沐春风。

counter table
厨柜
制作步骤
P.122

window frame
窗框

制作步骤

P.104

若不是遇到自粘地板，
我大概也不会在这里悠闲享受阳光

以结婚为契机，我们选择了这里作为新房。

说实话，我当时对这间房满腹抱怨。但是丈夫一句"要不要去百货商店看看"成为了让我的想法180°转变的起点。在那之前我对百货商店的印象就只停留在买厕纸等日常用品的商店，而没注意到里面还洋溢着木头的香气。

回想起当时的场景，我们两人先去的是换气扇区域，为什么去那里呢？是因为我们家竟然没有换气扇，面向阳台的墙壁上，只有用薄薄的三合板盖上的边长20cm的方形孔洞。到了冬天，这个孔洞就非常麻烦，风气势汹汹地吹进房间，发出"呼呼"的响声。这还不算完，刚住进去时新家连热水都没有，更别提煤气灶了。当然马桶座也是惊人的冰冷。想要洗脸的时候手也是冻僵的，只好用热水壶先烧开水，再加上凉水调好温度，实在是非常麻烦。当然现在那些都变成了忍俊不禁的回忆，不过我们当时确实过着和"理想新婚生活"天差地别却束手无策的日子。

所以，我们先买了换气扇填补了孔洞，然后又顺理成章地走向了自粘地板区域。我家除了厨房都是铺着榻榻米的和室。其实我并不讨厌和室，但是我梦想中的家就是铺着地板的。所以怀抱着这样的想法，我前去百货超市寻找答案。"能找得到和46岁高龄房屋搭配的地板贴吗？"就在我又期待又不安时，那块即将改变我生活的地板贴仿佛命运般的出现在我眼前。竟然真的有符合我家风格的地

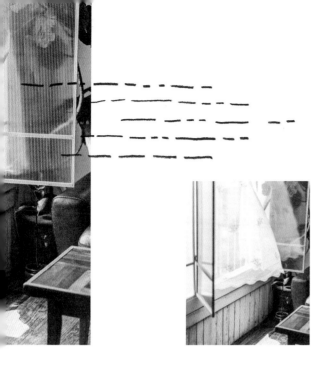

为了遮盖铝制窗框，我选择了白色外框。我使用ＰＣ材料代替玻璃做窗户，这样即使家里有小朋友也不必担心安全问题啦！

板，我感到了一种说不出的惊喜。就这样，我和现在一直保留在我家的做旧风地板贴相遇了。

说实话，在看到它之前，我对家里要改造成什么风格一点头绪都没有，但是那一瞬间我竟能在脑海里描绘出家里未来的样子了。可以说之后所有的装修都是以地板贴为中心打造的，它堪称家居风格的根基。

我信心满满地买了几十米，和丈夫一起把又重又长的地板贴扛在肩上，两个人相互鼓劲抬到了家里。之后我们夫妇两人开始了第一次的手工合作——铺弹性自粘地板。

原本是榻榻米的房间贴上自粘地板之后简直脱胎换骨，变化实在惊人。那天我们站在寒冷的房间里，都穿着羽绒服，单手拿着一杯热茶，呆呆地环视过房间然后四目相对。

"效果太惊人了！"两个人异口同声笑了起来。

这算是我们来到这个当时房龄46年、三室一厨的出租房之后初次的DIY。"仅仅是一点点变化，效果就这么明显"，这种喜悦和成就感无法言说。自此之后我的DIY Life就启程啦！

焕然新生的地板和柔和的光线简直是绝配。窗外吹来轻柔的风将地板上的光影打散，变幻万千，阳光也照亮了我灰暗的心。过去烦恼的日子好像从来没存在过一样，生活明亮起来。若没有这次"DIY初体验"，我恐怕也无法享受地板上映出光影的美好时刻，甚至连过去那种嫌弃的感觉现在也变得可爱起来。

No. 2

绿意盎然

哇，新芽萌发了！

迎接这样的清晨让一天的心情都快乐起来。

随着窗外吹来的风的节奏，叶子随之摇曳。

对我来说，若没有植物相伴，生活一定不完整。

无论是阳光恣意倾洒的日子，还是雨滴淅淅沥沥的日子，

起床后我都会先静静地观赏，

那大大小小、在透过窗帘的光下茁壮生长的植物，

以及反射在玻璃上的闪闪亮亮的植物影子。

但是仅仅把绿植放在地板或者桌子上的话，总有一种屈才的感觉。

为了让它们发挥自己的个性，我给它们各自安置了独特的居所。

这样它们都能绽放出自己的光芒。

挂在玄关处的植物仿佛有了表情
"路上小心""欢迎回家"

用沉木和皮革碎片做成的镂空植物架顿时让白墙变得活泼有趣。因为这里是阳光照射不到的地方，所以可以再掺杂一些假植物让整体看起来更加翠绿。

air plants holder
镂空植物架
制作步骤
P.103

scissor arm lamp
摇臂壁灯

制作步骤
P.100

每一盆植物
都有发挥特色的舞台

我把几株绿植紧密地摆放在
从跳蚤市场上淘来的小皮箱
里。改造完成的摇臂壁灯为
它们投射柔和的光。

"今天状态如何？"
和植物的对话使我内心充实

我把在十元商店里买来的麻袋套在花盆
上。一层麻袋太单薄，套两层才更安心。

brick-like wall
仿砖墙
制作步骤
P.088

努力不错过植物传达的讯息

wall shelf
壁挂架

制作步骤
P.103

水泥、铁架、木头……这类用得越多越有特色的素材和植物是绝配。只有在相处和磨合中，才能感受到它们共存的乐趣。

无论是人还是植物，
独特个性和生活节奏都值得被尊重

我从小就特别喜欢森林和草坪这类满目绿色的地方。

我还收集树枝和枯叶等各种东西给自己打造了一个秘密基地。那时我整日在外奔跑，和小昆虫玩耍。右手提着虫笼，肩上挂着网，每天都好像不会累一样活力充沛地跑来跑去。爬树要跟人比第一，连发现了荠菜都能玩个把小时，闲下来还喜欢到处找乌龟，就算被当成怪人我也从未在意。

或许是孩童时代的性子还伴随着我，当我们有了自己的新房时，我第一时间就想要摆放各种绿植，创造被绿色包围的生活。当时我的想法就这么简单。

"为什么和我想象中的不一样呢？"

这是最初我对我家的植物所怀抱的单纯情感。我只想让家里多彩一些，或许多几盆绿植家里就会漂亮起来。这样天真地想着，我走向花店，即使不知道植物的名字，也不管三七二十一先买下了。结果它们进家门之后无一幸免地枯萎了。原来小时候看到的在地面伸出粗壮的根的大树，和放在家里小花盆中培育的植物，二者从根本上就不同，我恍然大悟，之后好一段时间我放弃了购买绿植的想法。

给单调的混凝土阳台贴上木板改造后，我瞬间忘记了它原本的样子，只感受到一个舒适的空间。我还用模具在木板上喷印了文字进行装饰，使它看起来活泼有趣。

wood fence
木栅栏
制作步骤
P.095

　　什么时候需要浇水，什么时候需要日照，什么时候需要休息……每种植物都有自己的个性，如果不先摸清它的习性，那培育就无从谈起。

　　当我自然地把植物当成家庭成员一样关心的时候，它们就再也没有枯萎过了。渐渐地，家里茁壮生长的翠绿植物越来越多，我萌生了给它们亲手制作居所的想法。

　　为了让它们都能最大限度地发挥自己的个性，我用心为每一盆植物都准备了漂亮的舞台。我感到这是我的职责所在。比如，为了让适合观赏顶部的绿植能直接放在地板上，我为它们制作了盆罩；对于吊挂起来更可爱的植物，我就把它们挂在尽量高的地方；剩下小小矮矮的植物，我就把它们聚集在一起摆放在了小皮箱里，它们好像在说："去旅行的时候别忘记带上我哟！"

　　回想起自己小时候在森林里生活的幻想，于是我就在床边摆放了自己手做的花盆盒。

　　早上轻轻睁开眼睛，夜里陪我一起入眠的合欢也刚刚起床，伴随着朝阳的升起，它也慢慢地苏醒。这无比美丽的风景躺在床上就可以欣赏。"我家的合欢早睡早起"，不知不觉间我竟感受到家里绿植的性格。每一盆都个性十足却又可爱无比。植物们，今天大家也要活力十足哟！

plants & books cabinet
植物&书摆放架

制作步骤

P.116

无拘无束成长着的
各种绿植

无论从哪个角度都能看到绿色，这就是我理想中的房间。为了实现这个想法，我制作了植物和书的摆放架。

No. 3

温馨早餐

一日三餐中，我最喜欢早餐。

在纯白色的厨房里准备早餐时，
咖啡香气四溢。
今天用哪个颜色的盘子呢？
今天烹饪哪个颜色的蔬菜呢？
眼看着空空的盘子变得充实，变得五彩缤纷，
心情也随之高涨起来。
在柔和的阳光中清洗蔬菜，
用棉布把沾上水滴的杯子擦得干干净净，
再把昨晚精心准备的裹了蛋液的法式吐司
和在浓咖啡里加入了大量牛奶做成的冰拿铁
轻轻端上瓷砖台，
最后别忘了点缀上一点点薄荷。

好了，早餐准备齐全，
享用美妙的早餐吧。

整洁的厨房带来出色的料理
开始享受厨房里的时光

"炉灶周围如果采用白色装修的话，肯定很容易显脏吧"，虽然这种想法令人不安，但我还是选择了白色。因此培养出及时清洁的习惯，也算意外之喜。

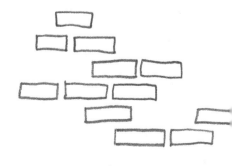

纯白的厨房，五彩的早餐

counter table
橱柜

制作步骤
P.122

这两页展示的是我家某一周的早餐。p28（左上）周一：超满足半熟溏心蛋套餐。（右上）周二：蓝莓松饼配毛豆汤。（中左）周三：前晚吃太饱，于是早晨是清爽的沙拉配青菜浓汤。（中右）周四：爱吃的夹心百吉饼。（下左）周五：用超中意的烘焙店里买来的面包搭配自制木莓酱和南瓜汤。（下右）周六：甜食日的首选——香蕉蛋糕。P29周日：家人团圆的周末，根据每个人的喜好定制早餐。这就是我们丰富又美味的每日早餐。

DIY橱柜让我明白：
梦想，要通过自己的双手实现

儿子的出生让我喜欢上做早餐。和婴儿在一起的每一天，我都感到时间严重不足，一切也都和想象中的相差甚远。

陪孩子玩不断重复的游戏，一起泡澡，哄他入睡……这些事情都很耗时间，在忙忙碌碌中不知不觉就深夜了，夫妻俩也因此牺牲了一起享受晚餐的时间，一切生活都忙碌得不可理喻。

我的儿子特别不省心，每当我以为他终于睡着的时候，他又醒了，这样的情况循环往复。在这样手忙脚乱的日子中，我每天在哄夜晚哭闹的儿子睡觉时，也在思考："明天的早餐做什么好呢？"现在生活的节奏是以儿子为中心，晚餐为主的生活自然也变为了早餐为主。渐渐地，思考每天早餐的菜谱成了我的乐趣之一，这样一来就算一晚要起来好几次我也不那么在意了。

经过一晚的等待，清晨来临了，美好的早餐从沐浴在阳光下干净透亮的橱柜开始。对我来说，要是没有这个橱柜，那就无法快乐地迎接早餐的时光。因为摆在亮白色的橱柜上面，早餐都被衬托得更好吃了。

我一直对橱柜有种莫名的喜欢，过去就曾暗下决心：结婚后家里一定要有一个纯白的橱柜。但是事与愿违，橱柜和家里榻榻米的和式装修格格不入。如果是在平时，我早就两手摊开无奈地放弃了，但那时我一反常态，决定自己制作。奇怪的是，作为连"DIY"是什么都不知道的外行人，我竟从未有过"或许会失败吧"这样的念头，也未感到丝毫不安。现在想来，正是对即将面临的困难一无所知时，才最无畏吧。

于是，通过熟人推荐，我找到一位曾做过木匠的师傅进行咨询，然后打定主意自己动手制作橱柜。虽然中途多次被批评"太莽撞了"，我也没有气馁，在一番折腾下总算完成了柜体。在什么都没有的空间里，通过自己的手制造出了橱柜的雏

形，那种喜悦就好比自己插上了翅膀飞上天，我直到现在都记忆犹新。

接下来在初具雏形的柜体上贴板、涂漆，给台面贴瓷砖、勾缝、抛光直到手臂酸痛，功夫不负有心人，我终于做出了自己的橱柜。

钉螺丝时一不小心会穿透木板，用力过猛又会把螺丝砸歪，这样的失败司空见惯。最后虽然没达到预想的成品效果，但是通过自己的双手完成某个东西的成就感是以往都没有体验过的。当然，对待的情感也完全不同，相较于买来的成品，亲手做的东西我越用越喜欢，也越来越珍惜。生活是自己经营出来的——在这个过程中我的生活态度发生了很大改变。

sink decoration
洗菜池装饰
制作步骤
P.090,092

调味料和麦片这种每天都会用到的食材放在瓶子里保管，看起来就很可爱舒服。丈夫手作的皮制咖啡滤纸收纳袋也是家常用品。

清晨的厨房,阳光恣意倾泻

sink decoration
洗菜池装饰
制作步骤
P.090,092

以白色为装修的主色调,再用绿色掺杂些许茶色点缀。水池自带台面比较小,所以橱柜台面利用率非常高,实用性满分!

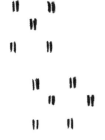

不管厨房多么漂亮，只要看得到换气扇，油烟仿佛就又沾在身上了……所以我制作了一个盖子，又在墙上拴一根绳子系住它，这样开关非常方便。

Ventilation fan cover
换气扇盖

制作步骤
P.108

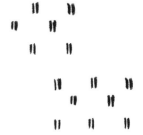

sink cabinet decoration
洗菜池柜设计

制作步骤
P.093

洗菜池柜单调的柜门让我一直耿耿于怀，趁此机会我决定进行改造。我参照的是国外厨房的水池台设计。

处在宽阔的空间里
自然会绽放笑容

法式吐司浸了一晚蛋液
后，在烤制时间上可要
十分注意。然后配上搅
拌好的沙拉，再点缀以
薄荷，OK，早餐完成！

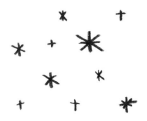

No.4

整理家务

要说到我最喜欢做的家务，
莫过于换床单了。
把刚洗好的纯白床单铺得平平整整，
那种无法言表的成就感，太令人心情愉悦了。

抻平晒干的衣服时，衣服和空气摩擦发出的声音赏心悦"耳"。
用拧干的抹布擦拭过地板后，连空气都好像焕然一新。
一旦收拾干净房间，背都不自觉地挺直，神清气爽。
收纳空间巨大的自制收纳架上，生活用具整齐摆放的样子让人不由自主地感到安心。

为了让家人住得更加舒服自在，我把家里收拾得一尘不染。
抱起小孩的瞬间，他的衣服上会飘来温暖的阳光的味道。
我突然意识到，这些就是幸福。

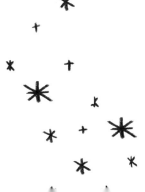

在整改爱巢的过程中，
连清扫都变得快乐起来。

床单还是白色的好，无论
何时都充满清新感。晾
晒、睡觉和更换的时候，
都令人感到清爽舒服。

5-way rack
五用收纳架

制作步骤
P.118

创意收纳架
让我克服"整理恐惧症"

改造房屋和清扫房屋我都不讨厌，甚至可以说很喜欢，但是，与之相对……

说来惭愧，收纳和整理绝不是我的强项。

刚结婚时，家里的东西总是不知去向，只好到处乱找。每次丈夫问道："那个东西放在哪儿来着？"我心里都充满挫败感，觉得自己很没用。每次出现东西失踪"案件"时，我都会反省，还曾看了一本《放心，你也能成为收纳达人》的专业书，一度感到干劲满满，但是激情来得快退得也快……就在我气馁不已时，转机出现了。我们的二人世界中多了个孩子，三室一厨的家自然变得越来越狭窄，我反复思考后，决定在仅6叠的小房间里制作一个高至屋顶的收纳架。

本来房子就不大，为什么还要牺牲空间做收纳？这样的行为或许不太容易理解。但是，事实证明我是正确的！压缩房间的使用面积，明确增加收纳空间，反而使其他房间更加整洁宽敞了。

在此之前，收拾房间对我来说就只是"眼不见心不烦"。这或许就是我对整理收纳没有长性、总是失败的原因吧。不管三七二十一，无用的东西就藏起来，藏起来，再藏起来。被这样的想法限制住的我，不自觉养成了囤积癖，所以家里常常物品失踪。于是我决定面对自己的缺点，不再执着于"眼不见为净"。我意识到，

"家"就是因为有生活的痕迹，所以才产生个性，充满魅力。

硬要抹去生活痕迹其实毫无意义，看不到一丝烟火气的生活，只会让人产生莫名的寂寞。我应当创造的环境，是丈夫、儿子等家人们都能放松的家，我所进行的DIY应当是提高生活质量的，而不是一味扫除生活感的。一个方便居住和使用、让人身心放松，看起来非常整洁但是有些角落却透出生活琐碎感的家才是理想之家。抱着这样的想法，我制作了巨大的收纳架。摆放电视、展示DIY作品、隐蔽地收纳书和杂物、用作衣柜……看上去是一件家具，实际上却同时具备五种功能，简直是"居家神器"。

收纳架同时具备隐藏收纳和开放收纳两种功能，这样我能收放自如地进行整理，再也不会一提起收纳就双手挠头了。对于有整理恐惧症的我，它就是"救世主"，自此之后我家里就再也没出现过东西离奇失踪的"案件"。

新婚时我们夫妻俩基本上没添置什么家具，因为想着等到需要的时候再买。现在我依然觉得这是个无比正确的选择。这样一来，我还培养出了"没有的东西就自己制作"的DIY精神。如果当时就备齐了所有家具的话，今天的收纳架也不会诞生了。

完成！

因为没有地方放置儿子的床品，所以不用的时候我就把它叠起来，上面铺上床单改成沙发，用被子作靠背并自制了套住靠背的沙发套。

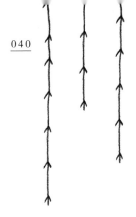

No.5

穿衣打扮

今天也是好天气，
那就出门走走吧。
思考着想去的地方，心情愉悦，
站在喜爱的梳妆台前打扮自己。
挑选服装、首饰，穿上一双颜色协调的鞋子。
挺直身体站在镜前，
打开装着全身镜的柜门，
淡蓝色的墙壁、碎花的壁纸映入眼帘。
"Have a nice day!"
镜子上的字默默给我加油打气，
不由得感觉今天一定是愉快的一天，
为了创造出合适的风格，
我在"家"这个宝贵的空间里制作出了生活必需品和装饰品。
无论是身心还是家，都一起装扮。
这大概就是"Dressing"的意义所在。

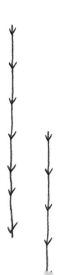

在美丽的场所穿衣搭配
是一件幸福的事

BATH ROOM

即使是旧浴室，我也
会每天都把它擦得干
干净净，挂上整洁的
浴帘和装饰用的绿
植，让整个空间的氛
围又清新又舒适。

"五用收纳架"的角落空间也可以活用，摆放上全身镜功能更强大。打开柜门，就能看到水蓝色的内壁和碎花壁纸，虽然风格和我的气质不太符合……但是，重点在柜门中间！

shoe box
鞋柜

制作步骤

P.113

entrance
decoration
玄关装饰

制作步骤

P.086

looking glass
全身镜

制作步骤

P.112

无论是穿搭还是装修，都要一样时尚

我家今年46岁"高龄"。最初，随处可见的陈旧感让我嗤之以鼻，但是现在我可以很自豪地说，这里已经变成了我热爱的地方。其实我并不是讨厌陈旧，我只是想把它们变成我能接受的程度而已，不过现在已经远不止如此，它们已经被我奉为至宝了。

装有铝门的浴室加上老气横秋的银色浴缸让我浑身不舒服，于是我挂上了写着"BATHROOM"的浴帘，又装饰上一些假花草，令人不快的感觉瞬间烟消云散了。

家里也没有鞋柜，所以我决定自己动

手制作。成品的鞋柜容积都太小，我想要更大容量的，自然价格也更贵。"在有限的预算下尽可能买到理想的尺寸"，或许就是这样的想法引领我不断寻找，偶然去到宜家的书架区，我终于发现了那个完美的选择。

"这个书架好大啊，要是有这么大的鞋柜就好了……等等，我为什么不把它改造成鞋柜呢？"脑子里的灵光一闪，点燃了我的满满干劲。

创作容不得搁置，耽误的时间越久热情灭得越快，构思也会越来越模糊。事不宜迟，我决定买下书柜带回家，立刻开始DIY。

不知是偶然还是设计如此，从我家的玄关一进来就是过道，里面的和室一览无遗。我把改造后的书架放在那里，尺寸出乎意料地合适，就好像拼图一样。书架作为大容量的鞋柜恰到好处，还顺带起到了遮挡屋里和室的作用，可以说是一举两得。

房间中连盥洗室也没有，自己制作一个可以整理仪表的特殊空间也提上了日程。

准确来说，这间房里有洗脸的地方，不过是在浴室的中间。我不习惯在浴室化妆，所以那里用处不大。我很想有一个可以打扮自己的地方，但是我家实在是太狭窄了，连放梳妆台的空间都没有。我每天都在思考"到底该怎么办"中度过，直到有一天，我突然注意到卧室里巨大收纳架

的空隙处。我试着把在二手商店买来却一直沉睡在壁橱里的镜子塞进去，"哇，也太合适了吧，这感觉太奇妙了，好开心！"紧接着，我又把鞋柜放进去，又是像拼图一样的完美契合。然后我就把从十元商店买来的各种大小、功用不一的木箱统统安装在镜子下面，转眼间，之前一直苦恼没有安身之处的化妆用具和首饰都被安置妥当了。

这一切都是生活中的偶然。不必拘泥于固有概念，用创意来完成空间里的拼图吧。正是这样一点点的积累，家才变成现在心爱的样子。就像选择那些适合自己、不需勉强的时尚穿搭一样，试着在符合自己风格的空间里做出适合自己生活的必需品和装饰品吧。

"五用收纳架"的活用示范2。镜子可以和从十元商店买来的木箱组合做成化妆台。化妆刷、首饰等都可以采用竖放和悬挂的方式进行收纳。

remade storage case
收纳盒改造

制作步骤
P.096

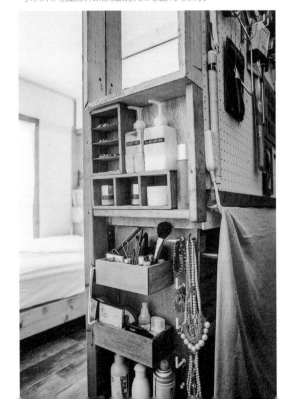

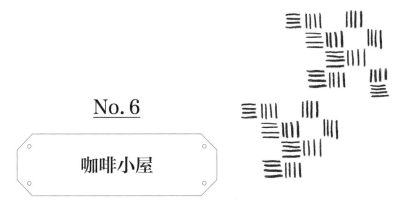

No.6

咖啡小屋

儿子睡午觉的时候，是我少有的安静时间。

做些什么呢？

对了，昨天做的巧克力还在，那就倒杯咖啡来个下午茶吧！

心情突然兴奋起来，

迅速收拾好儿子的玩具，环视一周干净的房间，

然后在柜台上进行冲泡咖啡的准备工作。

轻轻地倒入热水，房间里咖啡的香气飘散开来。

嘀嗒嘀嗒，

寂静的房间里，只听见咖啡滴落的声音。

右手往心爱的杯子里注满咖啡，左手捏着巧克力，

深色的咖啡和自制的桌子无比般配。

安静美好的下午，

打开窗户，随着习习微风，

邻居孩子们的玩耍声传到耳边，

最幸福的不过是平静的日常。

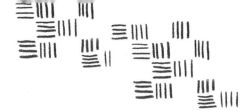

坐在小小的桌旁，
不必刻意顾虑太多

这张翻新后的桌子来自二手店铺，一开始我对它桌面木料排序方式比较介意，于是彻底重新排序，现在已经是令我得意的家具之一了。

remade table
旧桌改造
制作步骤
P.099

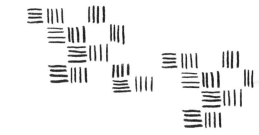

咖啡是我的心头好，
每天的心情不同，
制作步骤和饮用方法都会不同

对于咖啡，我没有什么"必须要这样做"的讲究。酷热的夏日，来一杯冰咖啡，"咕嘟咕嘟"喝完，清爽透彻心扉；寒冬的清晨，在阳光充裕的窗边，不妨喝一杯热牛奶咖啡；不分季节，随时陪伴我的是热咖啡。根据当天的心情，做一杯令自己身心放松的咖啡，才是乐趣所在。

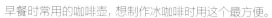

早餐时常用的咖啡壶，想制作冰咖啡时用这个最方便。

这个杯架在我招待朋友时出镜率很高。
在柜台上简单一放，就充满艺术感。

因为想要在家里也能体验咖啡店里的感
觉，所以我制作了这个杯架。把木板和
沥干架组合，然后用圆孔锯开孔，最后
和支架组合就完成了。染色、刻字就随
个人喜好了。

自己动手做东西，
就是有种说不出的快乐

点心罐就是我利用空瓶制作的。再贴上标签——只需稍微动手，就可以用手动标签机制
作出独一无二的胶带标签。

家庭咖啡馆的招牌菜

顶部搭配巧克力和麦片的"简单即美"纸杯松糕。

①先混合鸡蛋和砂糖，然后再加入一些牛奶和酸奶搅拌均匀。②把低筋面粉和膨松剂搅拌到无粉状态，然后把①中制作的混合物倒入快速搅拌。③在纸模具里倒入②中的混合物，放入烤箱，以180℃烤20分钟即可。

回忆里的味道，老少皆宜的香蕉蛋糕。

"我只使用成熟的香蕉制作"，听起来似乎很讲究，但其实只是一些放了很久忘记吃的已经发黑的香蕉。

①先用叉子把香蕉捣碎。②把砂糖和融化后的黄油混合，搅拌至起泡。③把鸡蛋和①②混合，加入低筋面粉和膨松剂，直接快速搅拌均匀。④倒入模具中，放入烤箱，以180℃烤40分钟即可。

忙碌时简单的一杯饮料足矣

（左）**冰凉清爽的桃子味红茶。**

杯中倒入冰冻后的红茶，再根据当日心情加入随性切好的水果，让心情瞬间雀跃无比。

①红茶的茶叶泡水，放入冰箱冰冻一夜。②加入红茶冰块和切好的桃子，倒入玻璃杯。

（右）**巧克力香蕉奶昔的甜蜜诱惑。**

甜美可口，浓香醇厚，时而还会咬到清脆爽口的冰块。是饮料还是甜点？傻傻分不清楚，但口感满分，堪称绝佳选择。

①把加入了少许巧克力酱的香蕉放入搅拌机里，再加入冰、牛奶混合搅拌。②搅拌一会儿，再加入秘密武器——巧克力，轻轻搅动至无粉末状态。③倒入玻璃杯。

FAMILY
&
HOME

switch cover
开关装饰框
制作步骤
P.097

antique processing door
复古风房门
制作步骤
P.110

我想把"一开门就知道这里是咖啡馆"这种风格的门放在厨房门口；能让来做客的朋友看到"今日菜单"的小黑板也必不可少；最后再把手工点心装入瓶中，就准备万全了。

blackboard
黑板
制作步骤
P.105

"理所当然"中的幸福

"你们最幸福的瞬间是什么？"关于幸福的定义因人而异，有幸福偏偏不眷顾自己的时候，也有幸福满溢接连出现的时候。

抚养孩子的过程中会面临很多"第一次"和很多疑惑，仅是平安无事地度过一天也要耗费很多力气。有时我会因为笨拙的举动而厌恶自己，也会患得患失，陷入不安中无法自拔。长时间的睡眠不足让我出现了黑眼圈，也让我失去了轻松出行的心情，不知为何我变得郁郁寡欢。

但是也有一些瞬间，我的心情又恢复了平静，久违的做起了香蕉蛋糕。在通风良好的厨房里，烤箱中飘来香蕉的甜蜜味道。"要是有了小孩，好想烤香蕉蛋糕给他吃啊……"我隐约回想起过去怀抱这样想法的自己。

而现在眼前的生活，正是自己以前所梦想的。

虽然还有很多不习惯的事情，但继续这样紧张下去的话，自己会越来越力不从心，会很容易丢失最珍贵的东西。所以，要想办法释放压力放松自己，让自己变得坚定强大起来。对于我来说，办法就是美味的甜品和咖啡了。对，这样简简单单的小事就足矣。"那就去咖啡馆吧！"兴冲冲地带着儿子去到店里，结果儿子好像外星人一样发出噪音，还把桌子上的东西搞得乱七八糟……我急得直出冷汗，根本没有时间好好品味咖啡，只好一口喝光，逃也似的离开了店里，真是无比狼狈。或许现在还不是带孩子来的成熟时机。

"既然如此，那就建造一个家庭咖啡馆吧！"

模仿咖啡馆的样子，在小黑板上画上画，在柜台桌上架起支架放上书，再把用推拉门改造的复古风房门安放在自制咖啡馆的入口处，用来隔断空间。

外面的咖啡馆无疑更加精致，但是我家的迷你可爱"山寨咖啡馆"也不错。正因为是自己亲手营造的空间，所以才对它充满了别样的喜爱。

风和日丽的平静午后，这样的日子最适合来一杯咖啡了。在深颜色的小桌子上摆好手工巧克力，在心爱的杯子里倒入咖啡，有时是我和儿子两个人，遇上假期时是一家三口，有时是和来看望我的妈妈或亲密无间的朋友一起，自在地在我家咖啡馆享受午后时光。这种美好便是以前的我所向往的"最幸福的瞬间"。

只要生活中还有这样悠闲安稳的时刻，那我就依然有微笑面对生活的力量。

Counter table
厨柜

制作步骤

P.122

No. 7

书读百遍

我喜欢看书。

不仅是因为从书中能读到各种各样的知识，

也因为书可以带给我希望。

刚搬进这个房子时，

我对未来失去了期待，有些失落。

但就在那时我读到一本书，

里面写满了各种各样奇怪有趣的梦想。

原来未来不是不存在，而是要靠自己创造。

由此，我开始了我的"DIY Life"

为了放置这些重要的书，

我要创造出一个能整齐收纳的空间，

让儿子的绘本和绿植都能放在一起。

这种混搭风格和自己的喜好如出一辙。

于是到现在，

在这个一点都不大的三室一厨的家里，

我竟制作摆放了三个书架。

不愧被称为"万能架":
不仅可以当作书架,也兼
具电脑桌的功能,还能摆
放装饰物。

LIFE
IS
BEAUTY

bookshelf
书架
制作步骤
P.114

房屋中若是有一个书架,
那整个世界都会豁然开朗

我喜欢在书架上摆放各种各样的东西。"植物栽培箱"和小动物摆件都是这里的常客。金属风格的书立与可爱风格的装饰摆件实现了完美平衡。

remade bookstand
改造书立

制作步骤

P.096

装满家人心爱收藏的"万能架"，是我家的门面

橱柜之外，我还有一样想要拥有的东西就是书架。

生活必需品里，既要有餐具架也要有书架，我对书的热爱程度确实有这么深。值得纪念的DIY书架一号在刚诞生不久就被装满了，但还是有很多书没有地方摆放，所以我决定再做一个新书架。

书架一号摆放在家里不太显眼的地方，我也没有过多考虑美观性，只是把书塞得满满当当，主打实用性。所以在制作书架二号时，我就更加注重它的趣味性。我想让儿子也喜欢上读书，所以这些绘本在被收纳的同时也有装饰作用，放在他拿得到的地方，方便他自己收拾。最后设计出来的效果就是一个摆有绿植的书架：上

面是植物，下面是绘本。

抱着"让儿子自己也能拿得到"这样的想法制作的绘本架，已经完全成为了他喜爱的空间，《饿肚子的青虫》这本书他爱不释手，每次都是放好了又被他摊在地板上。虽然地板上时不时就乱放着好几册绘本，但是我觉得不必在意，因为我想让儿子从小养成"有选择性的自由"。

不论是选择绘本、随地乱扔，还是乱扔之后自己整理干净，都是儿子自由选择，但也是他自己的责任。我希望能通过这个书架告诉儿子这个道理。

家里很小，连放置电脑桌的地方都没有，所以在收纳架上单独开辟出一

家里很小，连放置电脑桌的地方都没有，所以在收纳架上单独开辟出一层用来放电脑。为了搭配这个书架的风格，通过废物再利用制作的手工瓶灯也是我的心头爱。

bottle lamp
手工瓶灯

制作步骤
P.098

层用来放电脑。为了搭配这个书架的风格，废物再利用制作的手工瓶灯也是我的心头爱。

　　我家狭窄的空间里已然放置了两个书架，但是还是不够，虽然一味增加大型家具只会使空间越来越紧缩，但我还是想做出一举两得的东西……"对了，我家还没有电脑桌。就做一个书架、电脑桌两用的家具吧！"我绞尽脑汁，灵感终于来了。因为这瞬间的想法而做成的"书架电脑桌二合一"家具，功能非常强大，我喜欢的书、丈夫喜欢的书、电脑、北极熊摆件、绿植、河马玩具以及一些杂物统统都能收纳进去，所以比起简单地称为"书架"，随性的"万能

收纳架"可能更加合适。其中的多样性创造出的自在感让我尤为喜欢。

　　在使用电脑时拉一下桌子，键盘就会滑出来，而且不用特意准备椅子，坐在床上就可以办公了。空间宽敞、什么都能放固然是最好的，但是在现实情况强人所难时，不如去思考该做些什么才能创造出自己喜欢的并且适合自己的舒适生活，这才是当下的目标。

　　想要动手制作的欲望，大多都来源于"苦恼"的事情，而把"苦恼"变成"喜爱"的方式就是DIY。即使过程有些曲折，即使结果不尽如人意，但只要自己觉得"做得不错"就足够了，正是这个过程才使我更喜欢这个家。

最喜欢的东西
总是想放在触手可及的地方

wood clock
木制时钟
制作步骤
P.107

在这个空间里，两个书架是主角。色调是白
色、绿色、茶色再加一点点琥珀色。这个琥
珀色的照明灯是自然随性风格的亮点所在。

plants & books
cabinet
植物&书摆放架
制作步骤
P.116

scissor arm lamp
摇臂壁灯
制作步骤
P.100

No. 8

动手制作

"料理"和"DIY"其实很像。
拿出冰箱里的食材准备晚餐，
收集家里剩下的木头残片制作时钟，
这两者就非常类似。
切胡萝卜和切木头并无太大差别，
在蛋糕胚上抹奶油和给墙壁涂油漆也是大同小异。

所以DIY其实不难，
和大家平时会做的一些小实践相差无几。

就像在厨房里整理厨具一样，
在房间的一个角落将DIY专用工具摆放整齐，
这并没有什么特别的，就只是日常的一部分。
它们一直处在我生活中的重要位置，
但最宝贵的还是这份初心。

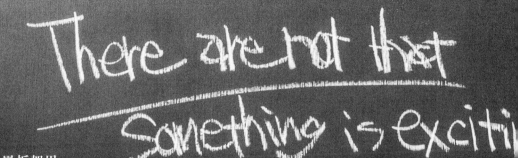

There are not that
Something is exciti
and Beginin

黑板架里
有秘密储存空间

把容易零散的螺丝、钉子等金属小物整齐的放
在十元商店买来的瓶子里，再收纳到架子上，
这样要用到的时候也不必手忙脚乱了。

PERMANENT
COLOR CHANGE
FOR ALL
LEATHER
ARTICLES

BRIWAX
CLEANS, STAINS AND POLISHES

BRIWAX
the natural

MINK OIL

时刻准备着，
让DIY随心所欲

5—way rack
五用收纳架

制作步骤
P.118

五用收纳架的其中一个功能就是摆放工具。在收纳架背后贴一个打孔板，将工具进行开放式收纳。每个工具的位置都能一目了然，如果少了哪个也能马上意识到，非常方便。打孔板下面用布盖起来的就是就是大容量书架，这部分便是主打实用性的隐形收纳区了。

tank cover
水箱盖
制作步骤
P.094

wood clock
木制时钟
制作步骤
P.107

old materials
style door
做旧风房门
制作步骤
P.086

这里是一些简单的DIY作品：
（左上）为遮挡厕所水箱和水
管制作的水箱盖。（右上）用
多出来的边角料和十元商店
买来的时钟针做成的创意时
钟。（中）只需把复古风壁纸
用"可揭胶"贴在门上。（右
下）给单调的白墙贴上字母，
让单调的空间活泼有趣。

brick-like wall
仿砖墙
制作步骤
P.088

box table
工作台
制作步骤
P.097

美食和家一样，都是创造出来的
DIY也并不特别，不过是家务的拓展

对于我来说，"DIY"意味着什么？

绝不是"好，说做就做"这样兴致勃勃的事情。

一天之中，准备料理、清扫地面、整理床铺这一套流程结束之后再做的事情才是"DIY"，也就是说，它是家务的拓展和延续。拿出冰箱里的食材做晚饭、收集家里残余的边角料做时钟，这两者对我来说都是日常的事情，有着一样的流程。

在我看来，DIY和做饭的感觉很像。举例来说，把一颗卷心菜变成料理就和把一根木头变成家具类似。切萝卜和锯木头、在蛋糕胚上抹奶油和在墙上刷油漆大同小异。不论是买食材时去超市，还是买木材时去建材市场，都能轻松入手想要的材料。所以对主妇来说，DIY近在咫尺，而且一点也不难，都是大家在日常生活中的小实践罢了。

只不过，如果把木匠制作的家具比作法式料理全餐的话，那我的作品就好比是用冰箱里剩下的食材制作的简单炒面。

过程曲折、东拼西凑……在这个过程中，是很难存在"精致"感的。虽然做不出"360°无死角的完美"作品，但我却可以把自己心中所想自由地制作出来。凭靠着些许灵感，思考该如何把脑海中模糊的效果图做成实物，这个过程充满乐趣，也成为作品的意义所在。如此想来，果然我的料理方法和DIY的制作手法如出一辙，可能一个人的料理方法往往就体现了他的DIY风格吧。

在我小时候，有一次母亲把木板和食材一起买了回来，然后慢慢拿出锤子和钉子，叮叮咣咣地开始做木活。就好像电视中的"惊喜先生"（电视节目的嘉宾）突然出现在眼前一样，我站在母亲旁边目不转睛地盯着，期待着成品的出现。转眼间，木头开始有了形状，不一会儿，一个鞋柜出现了。我禁不住喊出"妈妈太厉害了"，这感动的时刻现在还令我记忆深刻。

这个鞋柜现在依旧放在老家，20年过去了还是那么结实好用。那时的我完全没把DIY放在心上，更没想过要自己动手做出些什么，而婚后我竟变成了DIY达人，这难道是继承了母亲的基因？母亲曾说"但凡有了想法，就要通过自己的双手解决"，她教会了我"行动要比语言更响亮"这个重要的人生道理，我感激不尽。现在，我的身上有着母亲的影子，我也同样会把这个道理教给我的儿子。

记忆里母亲握着锤子的身影不知不觉间竟和我的DIY Life重叠起来，我真的十分欣慰。

丈夫的爱好是做些皮革小物，他的专用座位就在工作台这里。在这个地方，经常会产出各种各样的作品。

No. 9

独处时光

宁静的傍晚时分，

儿子在睡觉，这是自己少有的独处时光。

单手拿着冰镇红茶，

身子陷在沙发里。

一开窗，邻居家孩子们游玩的声音传入耳边。

还有不知从哪个方向传来的

准备晚餐的声音和诱人的香气。

我正在发呆，

"啊，这个沙发上方要是有个照明灯就好了。"

我这样想着，就忍不住动手制作起来。

完成的作品和想象中的效果一模一样。

享受生活的关键并不仅限于特意思考，

更多来源于在放空身心状态下突然浮现在脑海里的点子。

独处时光是重新调整自己的时光，

也是带我体会改造房屋有多快乐的时光。

开启平静安稳的时光

bottle lamp
手工瓶灯

制作步骤
P.098

把废弃的玻璃瓶改造成瓶灯。把盖子部分故意做旧成生锈的效果，营造长期在外风吹日晒的感觉。

有想法就立刻做，但不要急于求成，记得慢慢来

"接下来做什么呢？"

认真思考时，往往想不到好主意。

比如儿子在睡午觉时，喧闹的房间突然变得鸦雀无声，在这突如其来的独处时间里我不由得环视房间……

把早上冲泡冰镇过的红茶倒入心爱的杯子里，身子深深陷入沙发里，就开始思绪万千。"昨晚儿子哭闹得好厉害，不过早上笑得挺开心""今天的午饭做什么好呢"……尽是这样琐碎的小事。"对了！如果用十元商店里买来的瓶子做个灯的话，肯定会把这里点缀得很漂亮！"突然出现的这个想法，让思绪立刻转到享受生活的层面。让大脑一片空白这件事听起来简单，做起来却很难，很多时候我尝试着什么都不要想，但却总是以失败告终。不过即便如此，也要努力使自己变得单纯，因为如果头脑里没有留白，那么灵感和好主意就不会出现了。

很长一段时间里，我都想在客厅放置一张有格调的小桌子，于是不断地逛各种店铺，期望能遇到我梦想中的桌子。但是事与愿违，能在设计上对我胃口的桌子怎么也找不到。

"我为什么不自己做一张呢？"我是在独处时刻突然想到这个简单的解决方案的。买不到中意的家具、找不到合适的尺寸……这种时候自己做才是最直截了当的。无须什么都从零开始，把已有的家具进行再加工，也能达到焕然一新的效果。

从零开始做桌子的话很难把握平衡，所以若能找到版型合适的桌子，再改造桌面和颜色，也是达成目的的好方法。我决定前去二手商店寻找尺寸大小合适的桌子进行改造。非常幸运，我发现了一张只要200元的原石桌子，我抑制住内心的喜悦把它带回了家，然后立刻开始了改造。我用磨光机把油漆磨掉，重新上色，在原本的桌面上再贴了一块大小一样的面板。比起耗时耗力地从零做起，这样简单的方法在短时间内就达到了想要的效果，让我既得意又开心。

一直以来都可以随心所欲享受的DIY在儿子出生后变得不那么自由，我必须学更好的安排时间。在孩子睡觉的时候和做家务的空当，我利用这些零碎的时间埋头进行操作，虽然还是花费了不少时间，但好在最终完成了作品。

尽量选择轻松简单的方法，过程中也不必着急。对于作为新晋妈妈的我来说，这种DIY方式十分合适。

plaster wall
墙面粉刷
制作步骤
P.087

closet door
顶柜门
制作步骤
P.109

panel board
墙壁装饰
制作步骤
P.106

我家客厅是一间4.5叠的狭窄和室，里面基本都是我的DIY作品，称得上是我家的焦点房间。房间的风格是随性自由的，特别适合家人悠闲地聚在一起；同时，这种简约的格调在一个人独处时也颇为浪漫。

antique processing door
复古风房门
制作步骤 P.110

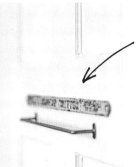

antique
processing door
复古风房门
制作步骤
P.110

remade table
旧桌改造
制作步骤
P.099

（左上）不管是读书还是写东西都利用率极高的桌子。（右上）在顶橱中收纳拆下来的推拉门。（中）把壁橱的推拉门改造成普通门，"和室感"一扫而光。（右下）终于可以悠闲品茶，这就是日常生活中的小确幸吧。

环视整个房间，突然意识到到处都是DIY的痕迹

在安静的时间中流淌着令人心旷神怡的空气，四年半以来，不知不觉间连空气都被"DIY"了。

No. 10

温馨小家

周日的早晨，
暖洋洋的天气，家人聚坐在桌子旁。
用一顿简单的早餐开启一天的好心情。
"这个面包好好吃啊！"
"这首歌真动听。"
身后低声响起的音乐，
配合咀嚼面包时的"咔呲"声，
盘子和叉子摩擦产生的"叮当"声，
组成了家人团聚在一起吃早餐时动听的生活之音。
大家的笑容也是点缀餐桌和家里的调味品。

一起欣赏美丽的景色，一起讨论，一起感动。
虽然都是微不足道的日常小事，但是累积起来却不由得令人感到幸福。

在同一个屋檐下，丈夫的笑容，儿子的笑脸。
因为想拥有它们，所以才组成了"我们的家"。

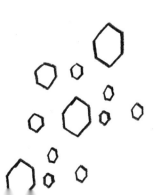

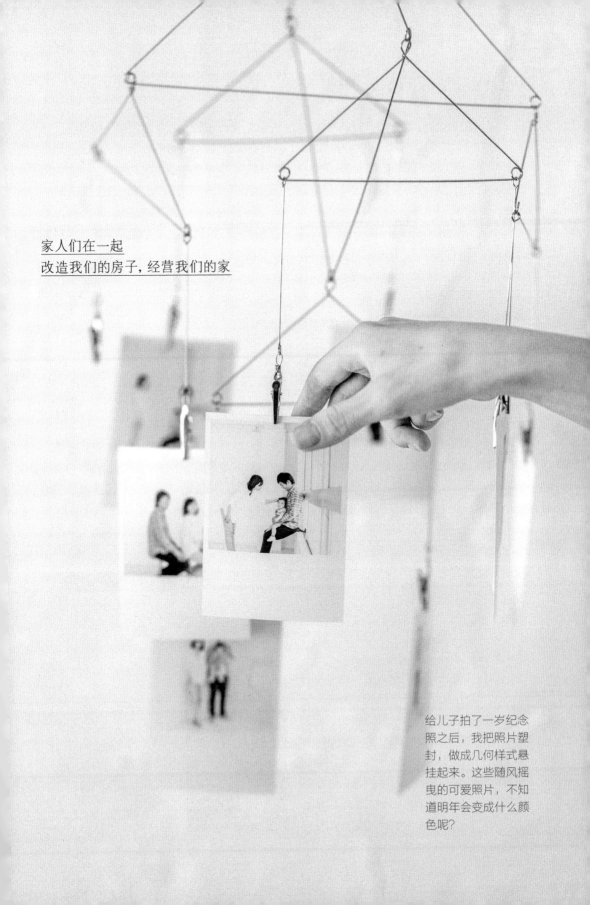

家人们在一起
改造我们的房子，经营我们的家

给儿子拍了一岁纪念
照之后，我把照片塑
封，做成几何样式悬
挂起来。这些随风摇
曳的可爱照片，不知
道明年会变成什么颜
色呢？

因DIY而加深的家庭情感

"我要组建一个温暖的家庭。"

在我十几岁时，当时也还是青涩的少年的丈夫对我说过这样的话。可能只是一句无心的话，但我当时特别感动，直到现在都记忆犹新。

我们一起度过了很多美好时光，虽说是夫妻，但作为两个独立的个体，想法和价值观也不可能完全一样。即使是这样，因为丈夫不断的理解，我们也在这个不能算大的称为"家"的空间里，每天都幸福快乐地生活着，为此我充满感激。

刚搬到这个家时，面对着无论如何都不喜欢的家，我郁郁寡欢，那时丈夫的一句"要不要去百货商店看看"暗中给了我支持和力量。在我制作东西的时候，给墙壁换颜色的时候，他都会夸赞"做得真不错"，这让我发自内心地感到幸福。

渐渐地，丈夫的笑容成了我DIY的一大原动力，也让我慢慢喜欢上这个曾经讨厌的房间。"每天看起来都好开心啊"，他总是用温暖的话语鼓舞着我，周末也会陪我一起DIY。

然后儿子出生了，我们变成了三口之家。

家里不仅热闹起来，生活节奏也变化了，幸福更是加倍了。

我和丈夫现在不仅是夫妻，也是最好的朋友，还是共同养育小孩的"战友"。其实我们在结婚前就有一种奇妙的"老夫老妻"的感觉，有着相同的爱好和兴趣。

晚上，当儿子睡觉时，我俩的兴趣时间就小心翼翼的开始了。丈夫喜欢做皮革制品，而我则轻轻地做一些不会发出声音的手工。如果儿子夜里哭醒了，我和丈夫会轮流去哄他入睡，直到他哭累睡着。然后我们会拿出买来的冰淇淋，配上热茶，两个人安静地享受"庆功会"。这大概就是我们的日常生活了，我们夫妇二人和一个可爱的儿子，就在两间4.5叠和一间6叠的房间组成的家里，过着这样单纯普通的日子。

这间既陈旧又狭窄，即使是说客套话都不能说条件很好的一间房子，使我在四年半前只想早点搬家，但现在一切都焕然一新，以往的不满现在都趋近于零，我打心底里喜欢这个家。本来是对家里的"治疗"，现在竟不知不觉间也治愈了我。自己亲手做得越多，心里的爱就越深厚，而这些爱也慢慢从空间融入到了家庭中去。

就像我欣赏绿植、疼爱儿子一样，我对这个教会了我很多的陈旧的家，也持有着尽可能多的，不，是超出我想象的感情。如果没有住在这里，我就不会学会DIY，也不会享受现在家里的样子。

我的DIY生活

DIY必不可少的东西是什么？
所有工具？
那是收集不完的。
技巧和诀窍？
那也是与时俱进的东西，无法定论。
我在画设计图的时候，
计算实在是让我头疼，
所以我一般都是靠感觉强行进行……
不过幸好，我成功地做出了东西。
所以最重要的也并不总是知识和技术吧。

没有必要一下子收集完所有工具，
需要的时候再买也来得及。
在十元商店里买工具也未尝不可。
虽然会经历很多失败，
但是却获得了更多的快乐。

穿起宽大的工作服就会变得激动，
只要想到好点子就开心得手舞足蹈。
再大的困难也无关紧要了，
重要的是"去快乐地尝试吧"这样的心情。

所有的工具都放在五用收纳架的后面，使用打孔板进行装饰的同时还可以收纳工具，找寻起来一目了然毫无压力。"咦？放到哪边去了？"跟这种台词say goodbye吧！

换上工作服，立刻开启热血模式

我的日常=连体工作服×DIY

我喜欢连体衣，
我的DIY工作服是在一家古着店偶然发现的条纹连体衣。
后来我突然意识到，自己做手工时总是不自觉地穿起这件衣服。

蹭上黏黏的油漆也毫不在意，粘上细碎的小木屑也无关紧要，
因为它天生是一件工作服。
就像做饭的时候会穿上围裙一样，DIY的时候我就会套上这件工作服。
虽然只是一件自己的专属物品，
却让我的DIY变得更加快乐，真是不可思议。

无论是开始动工心情激动时，
还是遇到失败心情低落时，它都陪伴着我。
虽然不能算一件时尚的衣服，但是它的磨损也正是它的勋章。

让我们开工吧！

在附近古着店购买的第三代工作服，既不紧绷又不会太宽松，口袋的位置恰到好处，也能轻松装进工具，深得我的欢心。夏天里面穿一件白色T恤，冬天则选择藏蓝色长T恤，这就是我的固定搭配。

下面正式介绍我平常爱用的系列工具
我的工具清单

> **首发"队员"**
> 为了之后房间能够恢复原状，这些工具可帮了不少忙

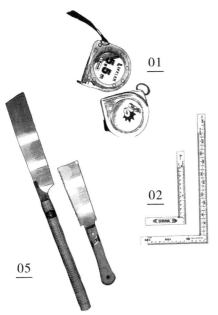
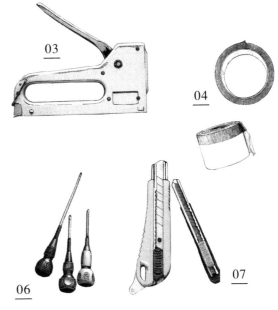

01

02

03

04

05

06

07

01 卷尺 不论做什么都要先正确测量。"LIFELEX"牌卷尺的刻度标识大而清晰，按下锁止钮时也能迅速停住，结实好用让人省心。

02 角尺、方形平角尺 我现在最爱用的角尺是"SHINWA"牌的。特别制成"L"形的角尺，不仅便于测量直角和平行线，还能帮助准确地划线。方形平角尺是做架子时测量直角的必要用品，因为它本身就很有分量，所以使用时不会摆动摇晃。

03 铆钉机 它就好比大号的订书机。在做"可恢复原状DIY"时，安装打底材料十分必要，所以需要使用铆钉机把底料钉在墙上，可以用来改造椅子，也可用来钉布料等，在很多场合都能大展身手。

04 遮蔽胶带 进行涂漆等工程时的必备单品。粘贴遮蔽胶带是一个需要耐心的复杂工程，而这项工序的结束就基本代表着DIY完成了70%。虽然种类众多，但是"MASCAR"家的产品堪称首选。

05 锯子 两刃都带锯齿的那把短锯是我的"迷你小助手"。顾名思义，它很短小，但是在DIY时的"战斗力"极强。小小的一把，用起来很轻巧顺手，收纳起来也很方便。长的那一把算是备用，它的锯刃较长，更利于切锯长的材料，所以应对大家伙的时候就

轮到它出场了。

06 螺丝刀 为了对应各种口径不同的螺丝头，多备几把尺寸不同的螺丝刀总不会错。尤其是长柄款，用在狭窄的地方特别方便。因为不是自动款，所以不用担心会发出声音，适合住在公共住宅的家庭DIY时使用哦。

07 美工刀 美工刀是必不可少的工具。约2.3mm厚度的胶合板需要刀刃大的美工刀才能顺利切割，替代玻璃的PC板（又称卡普隆板）也都是用美工刀切割。不过在裁切喷绘模具时，小型刀刃的美工刀才是正解。

需要提前备好的基本道具
制作或修理时不可或缺的"家用救急箱"组合

01 锤子 钉图钉、金属钉或者把暗榫敲入凹槽处时使用。各种重量规格的都有，我推荐375g的款式，重量程度刚好，使用起来也很方便。把手是橡胶做的，形状设计也贴合手掌，握起来很顺手。

02 钳子 同时具备夹和剪的功能。在加工钢丝和铁链等DIY小物时使用尤其便利。身材细长，什么都能夹起来，可帮了我不少忙。用手指扶不好的小钉子之类，使用扁嘴钳夹住再拿锤子来钉就方便多了。

03 刨子 物体太大不太好分割的时候，用刨子削薄调

整一下就OK了。复古风家具的做旧部分就是依靠刨子大展身手才完成的。选择尺寸小一点的刨子，在倒棱时才更加轻松哦。

04 黑色螺丝 让木制品看起来更加美观精致的诀窍就是隐藏螺丝头。因此就要事先打好孔、钉好螺丝然后再钉暗榫。如果觉得这样很麻烦的话，不妨选择黑色螺丝。黑色给人一种酷酷的感觉，就算露出来也不会让人过于介意。

05 细螺丝 使用细螺丝时，就算不事先开孔，基本上也不用担心出现大量木屑。利用零碎时间做手工

时，细螺丝就特别省心，我家常备的是25mm和32mm两种尺寸的细螺丝。

06 WATCO木蜡油 以亚麻籽油为主要原料的英国产涂料。没有普通油漆味道那么重，颜色也和自然原木非常接近，还具有美丽的光泽感。其中我最喜欢的是暗胡桃色和浅胡桃色。

07 BRIWAX家具蜡 以佛手和巴西棕榈植物为原料制成的蜡，可在想制作生动的木纹或者保养家具时使用。Jacobean（黑栎木）、Tudor Oak（都铎橡木）、Rustic Pine（古朴松）是我最喜欢的三种颜色。

01 木工夹 用于在粘合剂干燥前压紧物体使位置不偏移，或者在切割时固定木材使其不摇晃，总之是一个"万金油"般的工具。木工夹的种类丰富，有G形、C形和"コ"形等，在我一个人做手工时它可帮了不少忙。

02 拔钉钳 这个工具可神奇得很，在DIY时难免会出现螺丝的头断掉拔不出来的情况，这时"拔钉神器"就派上用场了。

03 轴锯箱 想要把材料切成45°角时选它准没错。使用时无须测量，只需沿着直线移动锯子的刀刃即可，推荐DIY新手使用。不过不同规格的轴锯箱对材料的尺寸要求也是不同的，这点要注意哦。

04 电钻 和螺丝刀相比，电钻的效率截然不同。制作大型木制品时还是电钻最快捷。这款不是充电式的，而是连线式的，所以不用担心没电，想DIY时就随心所欲地用起来吧。

05 充电式电钻 使用充电式电钻时，可以完全不必弯曲手肘，在面临狭窄的空间时它最在行。虽然转动速度不算快，但是对于家庭DIY足够了。在使用时几乎没有噪声，也不用转动手臂，可以减轻做工负担。就算有大量螺丝需要拧紧也完全不在话下。

06 曲线锯 切割曲线的第一帮手。"BOSCH"牌的曲线锯振动幅度小、重量轻，却拥有高功率，即使是女孩子也能稳定地进行切割。在切割薄木材时非常平稳，可视为DIY进阶时必不可少的工具之一。

07 磨光机 打磨杉木等未加工原材料时，如果用砂纸，那么完工简直是遥遥无期……但是只要磨光机在手，就能快速解决问题，简单、快捷又顺畅！女性选择小一号的款式，就不必担心握不住的问题了。不过磨光机使用起来噪声有些大，这点要注意哦。

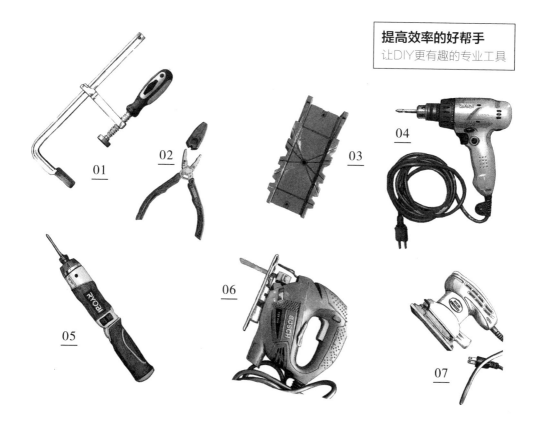

提高效率的好帮手
让DIY更有趣的专业工具

01　02　03　04　05　06　07

抵触感全无，在DIY时乐在其中并持之以恒的心得

享受DIY的10条秘笈

01

别错过建材市场的木材切割服务

先决定好需要的成品尺寸，然后写好服务卡，交给建材市场切割，之后就只需要带回家自己组装即可，不仅大大缩短时间，工作量也能减半，所以何乐而不为呢？

02

比起令人头疼的大物件，不如从手边的小物件开始

从大物件开始挑战的话，容易产生厌恶情绪……这是我自己的经验之谈，如果从一开始就马上体会到挫折感，之后就会越来越不愿意尝试了。所以先从积累"小小的成就感"、抓住要领开始吧。

03

不必一切都从零开始，利用现有家具进行改造，也是DIY的好办法！

不是每个人都是家具制作达人或经验丰富的工匠，不过归根结底要将"Do It Yourself"牢牢记在心底。先从已有的家具开始加工比较容易获得成就感。给熟悉的老旧家具涂漆抹油，再贴上壁纸，它们转眼间就会焕然一新。

04

失败不可怕，挑战就对了！不去尝试，难出真知

不去想太多就是成功的秘诀。以前，我查阅过很多书、看过很多设计图，但就是理解不透，所以我干脆放弃理论，直接开始动手。行动之后才发现有很多事是在实践中理解的，而且比起读书，自己在动手操作中学习反而更快一些。总而言之，用自己的行动去感受才是第一位的。

05

在建材市场的工作室里做工也是不错的选择

在建材市场里有专门的工作室，无论什么工具都能免费租借使用，完全可以充分利用起来。发出噪声、掉落污渍等在家里会担忧的问题在这里完全不必担心，可以自由地享受DIY。小孩出生之后，我就基本上是在工作室做工啦！

06

灵活使用网络

从瓷砖、木材到壁纸、地板，现在是什么都能在网上买到的时代，网上购物时可选择的种类也丰富多样。对于大型重物，有的商家还提供送货上门服务，真是帮了大忙。

09

务必重视家人的意见

一个人DIY的话，风格往往容易偏向自己的喜好，这样一来对家人就不太适用了……这种情况时有发生，结果就是大家都不愉快。所以DIY时要考虑到整个家庭，这样家里就不会变得太过单一，而是每个人都能有舒适放松的空间。以这样的态度进行DIY，还会带来附加好处，有家人陪着一起去百货市场、帮忙搬重物，也可以说是劳动中的意外之喜。

07

保养要重视

目前，遮蔽胶带+双面胶的组合是在保护原有墙壁的条件下进行DIY的主流办法。虽然我家是租赁房，但是可以贴壁纸，这样一来，可以进行DIY的空间就扩大了。有的遮蔽胶带很难干净地揭下来，所以有商家保证的遮蔽胶带才是首选。除此之外还能做的就是时常保养。虽然麻烦了些，但是最好先撕下胶带检查看看，过后再重新贴一遍。这样时常进行维护，就免去未来的担忧了。做完了就不管是大忌，时常的保养维护才是安心享受DIY的前提。

10

不要执着于"完美主义"

不用逼迫自己一定要在一天之内完成多少工作量，说到底最重要的就是去享受DIY这个过程。总是想着又快又好的完成的话，就很难将DIY融入日常生活了。虽然每天的生活节奏都是一样的，但只要有15分钟的空闲，就可以想想是否可以继续做之前没做完的手工。以这样的进度，不出十天半月就能完成一项作品了。这样顺其自然的态度才更适合DIY。

08

摒弃"非这个工具不可"的局限思维

"一定要某品牌的那个工具才行"，这样一意孤行的结果常常是在工具上花掉了不少预算。冷静下来想想，这些工具并不是每天都用……再说，要是用腻了怎么办？所以刚入门的时候先去十元商铺逛逛看如何？十元商店里刷子、油漆、螺丝刀和木材等应有尽有。我的DIY说到底还是"手工DIY"，十元商店里的工具就足够用了。所以我推荐先用十元商店里的工具练手，熟练之后再去寻找适合自己的专业工具。脚踏实地地感受DIY的乐趣吧！

创造属于自己的生活！

动手指南

下面给大家介绍我的DIY流程。
从一天就能完成的项目，到需要几天才能组装完成的大物件，
虽然每样东西花费的时间不同，
但它们都是出于"我想制成这样的东西"的冲动。
因此很多物品都没有设计图，现在的设计图都是后来重新画的。
总之，产生做手工的想法的时候就立刻动手，
不用过多思考，改造属于你的家吧。

装饰
——

翻新
——

制作
——

以能够恢复原状为基础，将原装墙壁和房门的陈旧感一扫而空，打造现代风格。房屋中面积较大的部分发生变化后，整体空间也会焕然一新。

以成品为素材进行改造。我以这种方式制作了很多心爱的小物件和房间装饰品，即使是DIY新手也能轻松制作。

以木材为原料，根据房屋的大小制作一些家具和小物件。虽说是从零做起的手工，但完成时的喜悦却是加倍的，这种方式更能体会到DIY的乐趣。

P.086

P.096

P.103

开工前须知
在出租房、集体住宅区进行DIY的心得体会

提前和房东或者邻居沟通好很有必要

01

需要和房东商量的事情

处理有必要钉钉子或者想要丢弃的东西时，最好和房东沟通一下自己的想法。我的家里都是一些钉了钉子也不妨碍外观的物件，并且我使用只留下小孔的铆钉机工作，因此不会伤害到墙体。如果不能使用钉子的话，可以尝试使用遮蔽胶带和双面胶看看。

02

进行发出噪声的作业时，别忘记和邻居打个招呼

尽量使用百货建材市场的工作室，以免打扰到邻居。如果那样实在不方便的话，做工前请预先和邻居打好招呼，获得理解以免产生邻里矛盾。

可以用于出租屋的DIY小物

在固定壁纸和铺垫胶合板时
◎mt CASA宽幅遮蔽胶带

在宽幅的遮蔽胶带上贴上强力双面胶，就能牢固地贴在铺垫用的材料上。但是要注意，如果承载过重的话也可能脱落哦。

贴地板贴时
◎地板贴专用双面胶

如果要将地板贴铺设到木质地板上，最好使用聚丙烯材料的"地板贴专用双面胶"，可以轻松揭下，也几乎不会留下胶痕。但如果家里是榻榻米的话，这种方法可能会伤到地面，所以需要使用固定装置或利用家具压边固定。

※因为容易积聚湿气，所以定期拆下地板贴进行防潮处理很有必要。

※图中标记的数值单位一律为毫米（mm）。
※没有在尺寸表中出现的材料，请根据期望尺寸自行调整。
※切下的木板建议用砂纸打磨、涂漆然后再刷上一层木材专用保护剂。这一点在完整步骤中没有详细说明，各人根据不同情况进行操作即可。
※图中展示的商品都是以当时的情况为准，可能出现商品详情发生变化或者商品被下架的情况，敬请理解。
※依照本书进行操作时，请注意安全并为自己的行为负责。另外，请根据实际使用目的自行调整制作物品的强度。

做旧风房门

仅仅粘贴墙纸，风格神奇改变

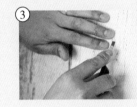

无需锯子和螺丝就可以简单改造的秘诀就是墙纸，只需要零碎时间就能快速完成。

材料

- 做旧风墙纸（尺寸可根据门的面积调整）

我的选择：PIET HEIN EEK牌PHE-02型号木条纹墙纸

- 可揭胶

我的选择：Superfresco easy牌

工具

- 美工刀
- 滚筒刷
- 排刷
- 容器

制作步骤

1. 把门拆下来，按照门的尺寸裁切墙纸。
2. 用滚筒刷给门涂上可揭胶，贴上墙纸。配合排刷使用，这样不容易起气泡。
3. 为了不伤害到玻璃，请慎重使用美工刀切割窗户部分。
4. 用美工刀切掉超出范围的部分即可。
5. 把拆下来的门重新安装好。

玄关装饰

枯燥的和式地板变身成活泼生动的人字格地板

虽然看起来有些复杂，但实际上只是简单地排列。只要掌握诀窍，就能一直乐在其中。

材料

- 单板
- 实木地板材料（长305mm×宽44mm×厚22mm）

工具

- 锯子
- 粘合剂

制作步骤

1. ★可以恢复原状的要点：在原来的地板上铺上同样大小的单板。
2. 铺设"L"形的地板材料。大体铺好后测量剩余空间的大小，根据板材的大小和角度再思考如何使剩余空间最小。
3. 小小的空隙也需要填充"L"形板材，根据剩余的角落的形状切割材料。
4. 铺满所有空间。

※即使不使用粘合剂，板材也很整齐不会松散，不过如果担心的话可以使用粘合剂固定。

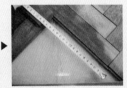

墙面粉刷

诀窍是使用适合木材的自然素材

粉刷墙面就好像在抹生奶油一样……在出租房里你也能获得心仪的墙壁。

材料

- 柳安单板（厚度2.3mm）
- 底漆
- 灰浆
- 水
- 遮蔽胶带
- 遮盖保护膜

工具

- 铆钉机
- 滚筒刷&滚筒刷托盘
- 抹子&刮板
- 橡胶手套

制作步骤

1. ★可以恢复原状的要点：用铆钉机在墙面钉上单板作为铺垫，并贴上遮蔽胶带，防止灰浆从板子的接缝处流入墙体。
2. 不想涂灰浆的部分要进行保护。选用宽幅的遮盖保护膜，能够实现快速地保护，之后在收拾整理时也会更加方便。
3. 在单板下方紧密地贴上遮盖保护膜，对地板整体进行保护。另外，在给墙壁高处涂灰浆前，在下方铺上一层起保护作用的遮盖保护膜，可减少污渍。
4. 单板可能会裂口，所以应提前涂刷底漆。用适量的水稀释底漆，再在托盘中倒入便于滚筒刷涂抹的分量。
5. 在单板上涂上步骤4中准备好的底漆，注意不要涂抹过量。
6. 把灰浆和水调和均匀。调至如同七分打发生奶油一样的黏稠度最容易涂抹。
7. 在抹子和刮板上放置准备好的灰浆。
8. 戴上橡胶手套开始在单板上涂抹灰浆吧，把握节奏进行涂抹，就会粉刷出生动、自然、随性的墙壁，就像在蛋糕胚上涂抹生奶油一样，大胆地动手吧！

搅拌石灰粉实在是项技术活，如果考虑到这点，购买搅拌好的灰浆是不错的选择。省去了制作过程，也不必担心粉末到处乱飞，极大地降低了清扫难度。另外，浆状石灰的刺鼻味道也会更轻，此处我推荐"Vegeta WALL"品牌。

仿砖墙

能衬托家具和装饰品的特色墙壁

文化砖篇

困难版本

铺上文化砖，氛围都变得不寻常了，简直就像国外的咖啡馆！

材料

- 单板（厚度2.3mm）
- 底漆
- 文化砖（厚度17mm）
- 瓷砖胶
- 金属锯子
- 灰浆
- 水
- 遮蔽胶带
- 遮盖保护膜

工具

- 铆钉机
- 滚筒刷&滚筒刷托盘
- 刮刀
- 裱花袋
- 海绵
- 容器
- 橡胶手套

制作步骤

1. ★可以恢复原状的要点：用铆钉机在墙上钉上单板作为铺垫，并贴上遮蔽胶带，防止灰浆从板子的接缝处流入墙体。
2. ★可以恢复原状的要点：用遮盖保护膜把单板周围的地面保护起来。
3. 单板可能会裂口，所以需要用滚筒刷涂上底漆。
4. 在贴瓷砖的位置用铅笔浅浅地划线。文化砖不必紧紧地贴合摆放，每两块之间需要留一些空隙。
5. 在文化砖后面涂上瓷砖胶，贴在单板上。
6. 根据剩余空间的大小切割位于墙面两端的文化砖。
7. 把切割好的文化砖贴在剩余空间处。
8. 灰浆兑水，调至七分打发生奶油一样的黏稠度。
9. 把准备好的灰浆倒入裱花袋中，挤在接缝处。
10. 用海绵蘸上灰浆，用拍打的方式涂满砖墙。

④

⑤

⑥

⑦

⑧

⑨

泡沫板篇

简易版本

无需使用瓷砖胶，只需双面胶就可以简单完成！

材料

- 单板（厚度2.3mm）
- 底漆
- 泡沫板
- 双面胶
- 灰浆
- 水
- 遮蔽胶带
- 遮盖保护膜

工具

- 铆钉机
- 滚筒刷&滚筒刷托盘
- 美工刀
- 裱花袋
- 抹子&刮板
- 橡胶手套

制作步骤

1. ★可以恢复原状的要点: 用铆钉机在墙上钉上单板作为铺垫，并贴上遮蔽胶带，防止灰浆从板子的接缝处流入墙体。

2. ★可以恢复原状的要点: 用遮盖保护膜把单板周围的地面保护起来。

3. 单板可能会裂口，所以需要用滚筒刷涂上底漆。

4. 测量需要粘贴泡沫板的墙面尺寸。

5. 根据上一步测量出的尺寸，裁剪泡沫板。

6. 在每两块之间留有空隙的基础上，用双面胶把切割好的泡沫板贴在单板上。

7. 墙面两端的剩余空间也需要粘贴，所以要把泡沫板切成合适的大小。

8. 把上一步切割好的泡沫板贴在两端剩余的地方。

9. 灰浆兑水，调至七分打发生奶油一样的黏稠度。

10. 把准备好的灰浆倒入裱花袋中，挤在接缝处。

11. 为了隐藏泡沫板的痕迹，给墙面全体包括接缝处粗略地涂上灰浆。

③

⑤

⑥

⑧

⑩

洗菜池装饰

用两种不同的瓷砖打造出理想的随性厨房

瓷砖篇

因为喜欢白色厨房，所以做了很多尝试，下面就是最合适的可恢复原状DIY方法。

材料

- PC板（聚碳酸酯板，厚度4mm）
- 单板（厚度2.3mm）
- 瓷砖（选用自己喜欢的大小即可）
- 我的选择：
  大块瓷砖：SLENDER牌瓷砖
  型号：c-Sd-20B-NET
  小块瓷砖：10mm方形马赛克瓷砖
  型号：NET-10K-01-I
- 遮蔽胶带
- 瓷砖胶
- 接缝材料
- 密封材料
- 强力双面胶
- 水
- 遮盖保护膜

工具

- 美工刀
- 锯子
- 刮刀
- 海绵
- 布
- 容器

插入单板之后，整体非常牢固，瓷砖的接缝处就不容易裂开。

制作步骤

1. ★可以恢复原状的要点：根据水池的形状切割PC板。因为PC板需要两块叠合使用，所以要再切割一块同样大小的。

2. ★可以恢复原状的要点：在水池台贴上遮蔽胶带之后再贴上强力双面胶，粘上切割好的PC板。如果水池台偏长，需要拼接PC板，可使用遮蔽胶带进行固定。

3. ★可以恢复原状的要点：把一块单板裁切成比步骤1中的PC板稍小一些的，插入两块PC板中间。

4. 为了使单板能更加牢固地贴合PC板，使用强力双面胶固定。

5. 设计自己喜爱的瓷砖布局，务必要在使用粘合剂之前决定好排列方式。
   ※不要强行在有弧度的边角处插入瓷砖，使用小块瓷砖填充即可。

6. 布局决定好之后，先在地板上排列好。

7. 瓷砖胶加水，搅拌至黏稠度适中。

先在地板上整整齐齐排列好，之后再贴的时候就会又高效又轻松。

制作步骤

8. 在PC板上涂粘合剂，贴上瓷砖。

9. 因为粘合剂干得很快，所以不要一次性全部涂完，要一点一点地涂。

10. 贴上所有瓷砖，瓷砖胶干了之后马上覆盖上遮盖保护膜，静置半天到一天。

11. 加水溶解接缝材料，调至八分打发生奶油一样的黏稠度。

12. 使用刮刀在瓷砖的空隙处涂上调制好的接缝材料。

13. 如果接缝材料干燥后变得粗糙不平，这时可先用刮刀把多余的接缝材料刮下来，剩下的用湿润的海绵擦掉。

14. 用干燥的布把水池擦干净。

15. 为了不让水渗入水池台和柜体的空隙处，用密封材料填缝。

文化砖篇

以砖砌的窗台边为设计思路，不过真砖重量较重，使用文化砖代替，不仅轻还很方便操作。

材料

- 单板（厚度2.3mm）
- 遮盖保护膜
- 文化砖（厚度17mm）
- 瓷砖胶
- 灰浆
- 水
- 遮蔽胶带
- 强力双面胶

工具

- 锯子
- 金属锯条
- 刮刀
- 裱花袋
- 海绵
- 纸巾
- 橡胶手套

制作步骤

1. ★可以恢复原状的要点：根据放置位置面积的大小裁剪单板。
2. ★可以恢复原状的要点：在洗手池上贴上易撕的遮蔽胶带，并在上面再贴上强力双面胶。然后放上裁剪好的单板作为铺垫。为防止灰浆从空隙进入，在单板的接缝处贴上遮蔽胶带。
3. 用遮盖保护膜保护洗手池。
4. 将文化砖按心仪的布局排列，同时在每两块砖之间留出同等的空隙。
5. 根据洗手池的尺寸，把文化砖切割至合适尺寸。
6. 在瓷砖背面涂满粘合剂进行粘贴，并用力压紧实。
7. 灰浆兑水，调至七分打发生奶油一样的黏稠度。
8. 把准备好的灰浆倒入裱花袋中，挤在接缝处。
9. 为了打造复古感，用沾满灰浆的海绵和纸巾拍打泡沫板表面。

②

④

用金属锯条把文化砖从中间切开，之后用手就能掰开。

⑤

⑥

⑧

尽量使桌面和侧面的瓷砖贴合得紧密一些，这样看起来就像是同一块砖头。

洗菜池柜设计

将普通的橱柜门打造成欧美风

相比于价格偏高的成品踢脚线，半圆木棒就特别划算。而且做出的拉门效果很有格调。

材料

- 单板（厚度2.3mm）
- 半圆木棒
- 木工用粘合剂
- 遮盖保护膜
- 水性漆（白色）
- 木材用保养剂（透明）
- 把手（带钉子）
- 可揭双面胶

工具

- 锯子
- 轴锯箱
- 螺丝刀
- 刷子
- 滚筒刷&滚筒刷托盘

制作步骤

1. ★可以恢复原状的要点: 根据橱柜门的实际大小切割单板。
2. 根据现有洗菜池柜门的设计，确定放置半圆棒的位置。
3. 根据步骤2的设计切割半圆木棒，将木棒两端放置在轴锯箱中切割成45°角。
   ※轴锯箱的用法请参照第81页
4. 使用木工用粘合剂把切割好的半圆木棒粘在单板上。
5. 在地板上覆盖遮盖保护膜后再涂漆。从半圆木棒的两侧开始涂效果会更好。
6. 待半圆木棒及周围的油漆稍微干燥些，用滚筒刷在整面柜门上涂满油漆。这样比之后再涂两遍、三遍效果更好。最后涂上木材保护剂。
7. 油漆完全干燥后，用螺丝安装上喜欢的把手。
   ※使用原有门把手的安装孔可以在不伤害门体的情况下更换新把手。
8. 用可揭双面胶把单板贴在原来的厨房拉门上。

④

⑤

涂漆时，使劲压着滚筒刷滚动就可以避免凹凸不平的情况。

⑥

水箱盖

正因为是日常使用的场所，
所以才要创造轻松的氛围

立上支柱就可以做出
水箱盖和架子。虽然
两边大小不太一样，
但是结构相同，不妨
试着做做看吧。

材料

- 柜体用/方形木材（杉木）（想要的长度×14mm×30mm）5根
- 台面用/水曲柳材（参考厕所水箱和管道的尺寸）2根
- 柜体用挡板/柳安单板（厚度2.3mm）
- 绳子
- 螺丝钉（长25mm）
- 瓷砖
- 瓷砖胶
- 瓷砖接缝材料

工具

- 电钻
- 卷尺
- 锯子
- 布
- 刮刀
- 容器
- 海绵

制作步骤

1. ★可以恢复原状的要点：根据水箱和管道的高度裁切方形木材，用于组合成柜体。裁切好的5根方形木材沿着水箱壁竖直放置，在管道上方放上水曲柳材组成架子。

2. 根据柜体的尺寸，裁切用作挡板的单板。水箱一侧的单板需要露出把手，所以要进行开孔。

3. 在裁切好的单板上贴上瓷砖，用接缝材料填缝并打磨光滑（参照第81页）。

4. 在接缝处还未干燥时，用螺丝钉把单板固定在步骤1做好的柜体上。

   ※在瓷砖和瓷砖之间钉钉子时，为了防止接缝处开裂，最好在接缝材料半干的时候进行。

   ※用挡板遮住水箱前，要在把手上系好绳子，方便之后取出。

5. 根据水箱洗脸池部分的大小切割用作台面的水曲柳材并安装。

6. 从把手孔拽出把手的线。

使原有的板壁成
为柜体的支撑。
灵活利用家里的
软装吧。

木栅栏

晾衣服都变成了快乐的事

利用长长的捆扎带，出租屋的阳台也能拥有板墙。

材料

- 35mm的方形木材（长度和阳台扶手一致）
- 捆扎带（宽8mm×长350mm）
- 板墙用隔板（长度和阳台扶手一致）
- 水性漆（白）
- 木材用保护剂（透明）
- 水性涂料喷雾（巧克力色）
- 遮盖保护膜
- 螺丝钉
- 防腐剂

工具

- 电钻
- 剪刀
- 滚筒刷&滚筒刷托盘
- 美工刀
- 薄型透明文件夹

制作步骤

1. ★可以恢复原状的要点：为了可以钉入钉子，在扶手和墙壁之间插入方形木材。
2. ★可以恢复原状的要点：用捆扎带把方形木材和扶手固定，在两端的位置系紧捆扎带，让木材不再来回移动，之后把捆扎带的束口绳剪到只剩1cm左右。
3. 排列好组合板墙用的木板，用螺丝钉固定在方形木材上。
4. 沿着扶手，重复上一步，固定好整面板墙。
   ※把板墙铺到底的话阳台就不透风了，所以要记得留点空隙出来。
5. 铺上遮盖保护膜保护地板，为板墙涂上水性漆，干燥之后涂上木材保护剂。
   ※可能会被雨打湿的地方，需要再补涂一层防腐剂进行保护。
6. 用美工刀在薄型透明文件夹上刻下喜欢的文字。
7. 把镂空的透明文件夹贴在版墙上，周围的部分用遮盖保护膜保护起来，然后再使用水性涂料喷雾喷上字。

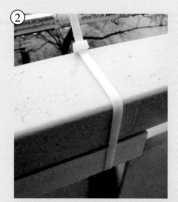

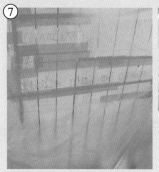

喷黑色的字显得更加硬朗帅气，不过我选择的是看起来更加柔和的巧克力色。

改造书立

改造从十元商店买来的书立

颜色太过缤纷有时也会让人苦恼……不过用上"秘密武器"的话就能马上变得时尚起来。

材料

- 书立
- 金属漆
  我的选择：SCHUPPENPANZER牌黑色金属漆
- 遮盖保护膜

工具

- 毛刷
- 橡胶手套

制作步骤

1. 用遮盖保护膜覆盖地板。
2. 把书立涂上金属漆，注意不是全涂而是用毛刷拍打上色，打造充满意境的质感。

收纳盒改造

活用黑板涂料营造现代感

简单涂色即可，让生活感满满的收纳箱变得时尚起来。

材料

- 收纳箱
- 黑板涂料
  我的选择：Imagine牌黑板涂料 "Squid ink linguine" 条状乌贼墨
- 白色丙烯喷雾
- 遮蔽胶带
- 遮盖保护膜

工具

- 毛刷
- 美工刀
- 薄款透明文件夹
- 油性笔

制作步骤

1. 用遮盖保护膜把不想弄脏的部分保护起来。
2. 在收纳箱的正面涂上黑板涂料。
3. 在塑料板或薄款透明文件夹上刻下喜欢的文字，之后用遮蔽胶带把文件夹贴在收纳箱正面。
4. 用丙烯喷雾喷字。

工作台

用箱子垒起的可以自由决定宽度的神奇桌子

箱子不仅可以收纳装饰植物、杂货，还能简单地DIY成桌子。

材料

- 结实的木箱2个
- WATCO木蜡油
- 螺丝钉
- 踏板（可根据喜好选择宽度和长度）3块
- 打孔金属板
- 木工用粘合剂

工具

- 布
- 把手
- 电钻
- 橡胶手套

制作步骤

1. 用布蘸WATCO木蜡油涂抹在踏板上。
2. 用粘合剂把3块踏板粘在一起制成台面，背面钉上打孔金属板加固。
3. 用螺丝钉把垫脚的箱子和台面钉牢。

开关装饰框

用装饰框隐藏无趣的开关

十元商店买来的相框大变身，让普通的开关变得个性十足！

材料

- 连接型相框两个装
- 单板（厚度2.3mm）
- 水性漆
  我的选择：Hip Paint牌LC016色号、PC110色号
- WATCO木蜡油

- 木工用粘合剂
- 双面胶
- 装饰用金属板
- 螺丝钉

工具

- 布
- 毛刷
- 橡胶手套
- 电钻
- 锯子
- 容器

制作步骤

1. 把相框上的金属部件全部拆掉。
2. 在相框上涂抹WATCO木蜡油。
3. 油干了之后，按拆掉的金属部件的痕迹重新组装相框，只留下合页处的两个金属部件即可。
4. 根据装饰框的大小裁剪单板，并用水性漆涂上喜欢的颜色。
5. 用粘合剂把单板固定在相框内侧。
6. 把喜欢的装饰金属板用螺丝钉固定在单板上。
7. 用双面胶把完成的开关框粘在墙上。

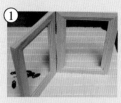

手工瓶灯

把废弃的玻璃瓶改造成复古风吊灯

不知道为什么家里多出了这个小瓶子，那就尝试DIY风情的瓶灯吧！

材料

- 玻璃瓶
- 旋拧式灯座
- 灯泡
- 遮盖保护膜
- 遮蔽胶带
- 促锈剂

工具

- 电钻
- 铁工用钻头
- 扁嘴钳
- 毛刷
- 油性笔
- 铁工用锉刀
- 薄款透明文件夹
- 美工刀
- StazOn印油
- 布
- 海绵

如果觉得切口不太平滑，多用锉刀磨一磨就可以了。

制作步骤

1. 拧下瓶盖，在上面用油性笔画出灯座的大小。

2. 在电钻上装配铁工用钻头，在瓶盖上沿着油性笔画线的内侧开孔。

3. 把扁嘴钳插入孔中，向着瓶盖内侧方向将每个孔打通。

   ※这一个步骤容易受伤，所以一定要使用扁嘴钳。

4. 把灯座插入孔中，确定灯座的螺纹能够固定住盖子。

5. 盖子上的灯座孔尺寸调好后，再次把盖子和灯座拆开，在瓶盖部分涂上促锈剂，使其生锈，不断重复涂抹直至达到想要的程度。

6. 用油性笔在薄款透明文件夹上用喜欢的字体写上心仪的词语，用美工刀刻下来，用作喷涂模板。

7. 用遮蔽胶带把透明文件夹固定在瓶子上，周围用遮盖保护膜保护。

8. 用可以附着在玻璃表面的StazOn印油印字。用布和海绵浸润墨水拍打上去就可以了。

9. 把灯座重新安装到生锈的瓶盖上并装配灯泡。

旧桌改造

普通桌子变身成为优雅咖啡桌

只需要在桌面上施加魔法！通过DIY让桌子焕然一新。

材料

- 矮桌
- 实木材（长305mm×宽44mm×厚21mm）
- 拐角用的木板
- 木工用粘合剂
- 遮盖保护膜
- WATCO木蜡油
- 螺丝钉
- 暗榫
- 砂纸

工具

- 磨光机
- 锯子
- 电钻
- 布
- 橡胶手套

磨光机打磨过的桌面和未打磨的桌脚对比图。变化一目了然。

制作步骤

1. 用遮盖保护膜覆盖住地板。
2. 用磨光机把矮桌的表层磨掉。
3. 把实木材切割成喜欢的形状，用以拼接成新的桌面。
4. 安排好已切割实木材的位置后，用粘合剂把它们固定在桌子上。
5. 固定好之后，用磨光机打磨桌面。
6. 在桌脚和桌子侧面涂上WATCO木蜡油。
7. 在桌面的两端安装拐角用木板。
8. 拐角处用电钻钉入螺丝钉，使其与桌面固定。
9. 用暗榫填上螺丝孔，用锯子把露出的暗榫切下，使用砂纸磨光桌面。

②

③

④

⑤

⑥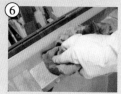

摇臂壁灯

收放自如的工业风单品

一直想拥有一个摇臂壁灯，但是苦于价格太高，那就自己做吧!

材料

- 台灯
  我的选择: 宜家特提亚台灯
- 伸缩镜
  我的选择: 宜家富拉克镜子
- 强力双面胶
- 遮蔽胶带
- WATCO木蜡油
- 遮盖保护膜
- 金属漆
- 扁口插头
- 木材边角料（长140mm×宽20mm×厚10mm）

工具

- 螺丝刀
- 美工刀
- 毛刷
- 橡胶手套
- 钳子
- 开孔用钻头
- 布

制作步骤

1. 用钳子把台灯的开关盖拆下来。
   ※这一步是为了拆卸灯臂部分。
2. 用美工刀切去插头。
   ※这一步是为了拆卸灯臂部分。
3. 用螺丝刀把连接灯臂的金属部件拆卸解体，并标记为A、B、C、D。

开关盖

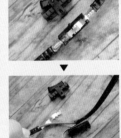

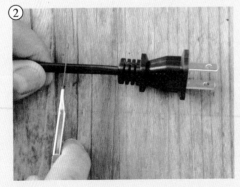

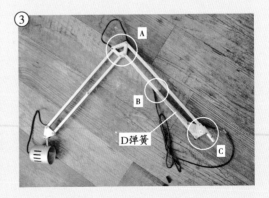

A

B

D弹簧

C

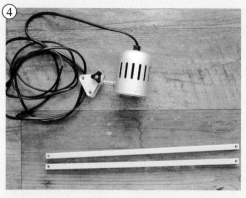

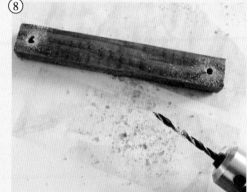

这里

4. 如图为台灯的解体状态,此时台灯暂时无法使用。

5. 把刚刚拆开的开关盖复原。

6. 拆去镜子伸缩架的前端,替换为步骤3中拆下来的金属部件A,只在图中部件左侧部分安装配套螺丝钉和螺母,用螺丝刀拧紧。

7. 在金属部件A右下的螺丝孔(如图⑦)上安装步骤3中拆下来的金属部件B。

8. 给木材边角料涂上WATCO木蜡油,在电钻上安装有开孔功能的钻头,在边角料的两端开孔。

9. 把边角料夹在金属部件A右上的螺丝孔(如图⑨)处,并用螺丝穿过开孔,将两者固定。

10. 用钳子夹住螺母并用螺丝刀拧紧螺丝钉。

11. 在边角料的另一端插入金属部件C,并用配套的螺丝钉和螺母固定。

12. 在步骤7中安装的金属部件B和步骤11中安装的金属部件C上挂上金属部件D(弹簧)。

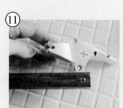

13. 金属部件背面也同样挂上弹簧。

14. 拆掉台灯头部的金属部件。这时可能会觉得很难拆，可按图⑭中所示在金属部件上下插入钳子，就能简单地拆卸了。

15. 仔细耐心地在台灯头部卷上强力双面胶，这时注意不要卷得太厚。

16. 在双面胶上再缠上遮蔽胶带。

17. 把步骤16中处理好的灯头插进步骤13中金属部件的前端。边转边插入效率更高。

18. 装上灯罩，并给剩下的所有孔装好螺丝钉和螺母进行固定。

19. 用美工刀把去掉插头后剩下的电线再切成两半，露出配线。

20. 打开扁口插头。

21. 把步骤19中的电线连接在扁口插头上，再合上插头的盖子。

22. 用遮盖保护膜保护地板，用布和毛刷蘸上金属漆，给灯多次涂抹上色。

镂空植物架

在单纯的白墙上创造出一片田园风空间

给喜欢的原木简单配点皮革，改变就在一瞬间。

材料

- 原木（或者古木）
- 皮革（零碎的也可以）
- 气生植物（选择自己喜欢的品种）
- 螺丝钉（10mm）

工具

- 剪刀
- 锤子

制作步骤

1. 把碎皮革裁剪到能放下植物的长度。
2. 在原木上用螺丝钉固定住步骤1中裁剪好的皮革。

壁挂架

只需架板和背板的随性创造

用踏板的边角材料制作，不仅和绿植相得益彰，风格也与众不同。

材料

- 背板用/水曲柳材料（长600mm×宽120mm×厚30mm）
- 架板用/边角材料 3块　　• 装饰用/单板的边角材料
- BRIWAX家具蜡[Jacobean（黑栎木），Rustic Pine（古朴松），Tudor Oak（都铎橡木）等]
- 丙烯颜料（黑）　　　　• 木工用粘合剂
- 螺丝钉　　　　　　　• 金属部件　　　• 扒钉

工具

- 布　　　　　　• 电钻
- 开孔用钻头　　• 方形平角尺
- 毛刷　　　　　• 白色笔
- 锤子　　　　　• 橡胶手套

制作步骤

1. 用布把单板以外的木材涂上BRIWAX家具蜡。
2. 用电钻给架板用边角材料上需要安装扒钉的位置打底孔。
3. 用锤子把扒钉钉入开孔处。
4. 在背板（水曲柳材）上需要安装架板的位置提前做好标记。
   ※使用方形平角尺才能标记出完美的直角。
5. 用电钻从背板的后侧安装螺丝钉，固定架板。
6. 切割装饰用单板，涂上丙烯颜料，并用白色记号笔写上喜欢的文字。
7. 用粘合剂把装饰用单板贴在架子侧面。
8. 为了安装到墙上，在壁挂架后面用螺丝钉固定金属部件。

窗框（金属窗框篇）

想留下简约干练的印象时，选黑色就对了

只需要涂些颜料，就能创造理想中的十分帅气的工业风铁窗框。

材料

- 方形木材（白松木，12mm×18mm×适合的长度）
- 螺丝钉（长25mm）
- PC板
- 金属漆
  我的选择：SCHUPPENPANZER牌黑色金属漆
- 遮盖保护膜
- 木工用粘合剂
- 带螺丝合页

工具

- 电钻
- 锯子
- 卷尺
- 铆钉机
- 毛刷
- 大号美工刀

制作步骤

1. 测量窗户尺寸，然后根据想要的窗框尺寸和形状，用锯子切割方形木材。
2. 在方形木材上涂木工用粘合剂，然后用螺丝钉固定，组合成窗框的形状。
3. 用遮盖保护膜保护地板，在组装好的窗框上涂金属漆。
4. 切一块比窗框尺寸稍小的PC板。
5. 用铆钉机把裁好的PC板钉在窗框上。
6. 使用带螺丝合页把做好的窗子安装在原有的窗框上。

   ★可以恢复原状的要点：先在原本的窗框上装上木框，再做出钉合页的地方。

考虑到通风效果，我家使用了双开门设计。

②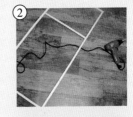

比起玻璃，PC板的价格更加合理，而且可以用美工刀随意切割，特别方便。

⑤

窗框（白色窗框篇）

仿铝制窗框更有国外风情

因为不使用玻璃，对小孩来说安全多了。照入房间的光线也变得柔和，仿佛拥有双层玻璃效果。

材料

- 水性漆（白）
  ※和"金属窗框篇"材料相同。仅把金属漆换成白色水性漆即可。

工具

和"金属窗框篇"相同

制作步骤

和"金属窗框篇"相同

黑板

一块黑板就能创造出咖啡馆风格

只需要涂抹黑板涂料！不仅大人，小孩子也能乐在其中的小黑板，你确定不来一块吗？

材料

- 柳安单板（长740mm×宽400mm×厚2.3mm）1块
- A杉木材（长740mm×宽20mm×厚15mm）2根
- B杉木材（长400mm×宽20mm×厚15mm）2根
- 黑板涂料
  我的选择：Imagine牌黑板涂料
  "Squid ink linguine"条状乌贼墨
- 木工用粘合剂
- 铆钉（长度25mm）
- WATCO木蜡油
- 遮盖保护膜

工具

- 卷尺
- 锯子
- 铆钉机
- 毛刷
- 滚筒刷&滚筒刷托盘
- 角尺
- 轴锯箱
- 布
- 毛刷橡胶手套

制作步骤

1. 用遮盖保护膜保护地板。
2. 把单板的一面涂上黑板涂料。
3. 用布为A木材和B木材涂上Watco木蜡油。
4. 使用轴锯箱把A木材和B木材两端切成45°角。
   ※轴锯箱的使用方法请参照第81页。
5. 用粘合剂将A木材和B木材的切口固定，制成框架。
6. 待单板上的黑板涂料完全干燥以后，将单板与步骤5的框架组合在一起，并在背面用铆钉机进行固定。

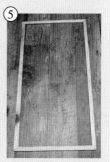

拆解图

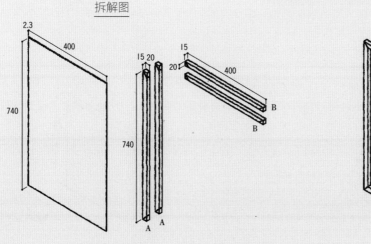

组合图

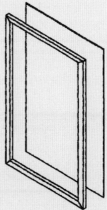

墙壁装饰

点缀墙壁，凸显自我风格

组合框架、固定单板、喷涂文字，只需3步就能完成！

材料

- 面板用/柳安单板（厚度2.3mm）
- 丙烯喷漆（黑色、红色）
- WATCO木蜡油
- 遮盖保护膜
- 遮蔽胶带
- 手工木棒（根据个人喜好购买相应长度即可）
- 水性漆（白）
- 螺丝钉（长10mm）
- 木工用粘合剂

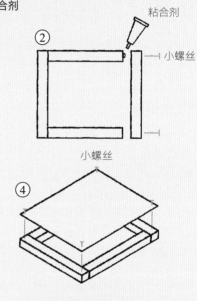

② 粘合剂 / 小螺丝 / 小螺丝

工具

- 锤子
- 锯子
- 卷尺
- 薄款透明文件夹
- 美工刀
- 油性笔
- 布
- 毛刷
- 印泥（个人喜欢的颜色）
- 橡胶手套

④

制作步骤

1. 把手工木棒切成4根用作框架。
2. 用粘合剂把4根木棒粘在一起，并从外侧用螺丝钉进行固定。
3. 根据框架的大小裁剪单板。
4. 把单板放在框架上，并从单板外侧开始用螺丝钉进行固定。
5. 在薄款透明文件夹上画上喜欢的插画或写上喜欢的文字，用美工刀刻下，用作喷涂文字的模板。

[以WATCO木蜡油涂背景的情况]

6. 在步骤4完成的画框和单板上涂上WATCO木蜡油。
7. 把喷涂模板放在单板上，并用遮蔽胶带固定，周围用遮盖保护膜保护，可以选择用丙烯喷漆喷绘，或者用布蘸上印泥上色。

[以水性漆涂背景的情况]

6. 给步骤4完成的画框和单板涂满白色水性漆。
7. 把喷涂模板放在单板上，并用遮蔽胶带固定，周围用遮盖保护膜保护，可以选择用丙烯喷漆喷绘，或者用布蘸上印泥上色。

⑤

⑦ 喷漆喷绘/布+印泥

木制时钟

好似一幅画的时钟

用边角料就能制作出世界上独一无二的时钟。

材料

- 时钟（不要的或者从十元商店买来的时钟）
- 薄一些的边角料
- 木框用/白松木材（长250mm×宽15mm×厚15mm）2根
- 木框用/白松木材（长300mm×宽15mm×厚15mm）2根
- 底板用/柳安单板（长300mm×宽280mm×厚2.3mm）
- 丙烯喷漆（黑色）
- 螺丝钉（长10mm）   •木工用粘合剂
- 遮盖保护膜   •遮蔽胶带
- BRIWAX家具蜡   •WATCO木蜡油

工具

- 美工刀   •开孔用钻头
- 橡胶手套   •锯子
- 油性笔   •电钻
- 布   •薄款透明文件夹

制作步骤

1. 把4根白松木材做成框架，用粘合剂或者钉子固定。
2. 在木框上放上单板并用螺丝钉固定，做成底板。
   ※具体参照第106页墙壁装饰的部分。
3. 根据底板的大小裁剪边角料，先使用用粘合剂粘贴再用螺丝钉固定，制成边角料表盘。
4. 用布在边角料表盘上涂抹WATCO木蜡油或BRIWAX家具蜡，让木板变得生动活泼起来。
5. 在薄款透明文件夹上画上喜欢的插画或写上喜欢的文字，用美工刀刻下，用作喷涂模板。
6. 把模板放在边角料表盘上，并用遮蔽胶带固定，周围用遮盖保护膜保护，再用丙烯喷漆喷绘。
7. 使用装有开孔用钻头的电钻在表盘的中心开孔。
8. 把不用的时钟拆解，取出表针和驱动装置。
9. 在表盘的背面安装驱动装置，在正面固定表针。

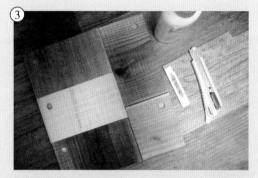

换气扇盖

用盖子封印生活琐碎感

"不使用的时候真想让它消失"——从这样的想法中诞生的作品。

材料

- 盖子用/隔板
- 木框用/方形木材（白松木）（12mm×30mm）
- 金属把手
- 麻绳
- 合页（带螺丝）
- WATCO木蜡油
- 木工用粘合剂
- 螺丝钉（长度35mm）
- 装饰用布料

工具

- 电钻
- 锯子
- 卷尺
- 角尺
- 布
- 印章
- 橡胶手套

制作步骤

1. 把换气扇原来的拉绳换成麻绳。

2. 按照比换气扇大一圈的尺寸切割出4根方形木，用来做换气扇盖的框架。

3. 在其中一根方形木上制作换气扇拉绳的通道。用锯子竖切出几个切口，各个切口之间留有空隙的话才方便整块切掉。

4. 根据木框的大小，切割用作盖子的隔板。

5. 用布蘸满WATCO木蜡油涂遍所有木材。

6. 用木工用粘合剂在盖子上粘贴金属把手和盖了印章的装饰用布料。

7. 把4根方形木组合成框架，先用粘合剂再用螺丝钉固定。

8. 用带螺丝的合页将框架和盖子连接固定在一起。

9. 为了方便开关盖子，在墙的上方也拴上一条麻绳。

①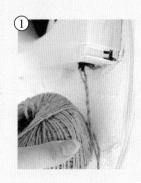

③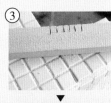

使用时只要拉下墙壁的麻绳就OK了！

⑦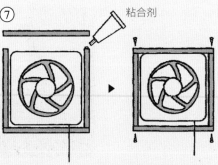

粘合剂

⑧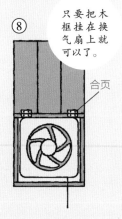

只要把木框挂在换气扇上就可以了。

合页

顶柜门

一个类似房门的盖板，
就可以让"和式风"秒变"现代风"

学会这个方法，就
能制作出任意风格
的门。

材料

- 底板用/柳安单板（高420mm×长855mm×厚2.3mm，尺寸根据顶柜门大小）1块
- A装饰用/方木材（白松木）（长855mm×宽60mm×厚12mm，尺寸根据顶柜门大小）2块
- B装饰用/方木材（白松木）（长420mm×宽60mm×厚12mm，尺寸根据顶柜门大小）2块
- 踢脚线（长735mm，根据顶柜门大小）2根
- 踢脚线（长300mm，根据顶柜门大小）2根
- 腻子粉
- WATCO木蜡油
- 水性漆（白）
- 遮盖保护膜
- 木工用粘合剂

工具

- 锯子
- 轴锯箱
- 角尺
- 卷尺
- 毛刷
- 布
- 橡胶手套
- 滚筒刷&滚筒刷托盘

制作步骤

1. 把方木材的两端放在轴锯箱上，切割出45°角。
2. 同样使用轴锯箱把踢脚线的两端也切成45°角。
3. 在做底板的单板四边上叠放步骤1中切割好的方木材，并用木工用粘合剂粘贴固定。
4. 在方木材内侧放置步骤2中切割好的踢脚线，并使用木工粘合剂进行粘贴固定。
5. 踢脚线和踢脚线之间若有空隙，使用腻子粉填充即可。
6. 用遮盖保护膜保护地板，并用布给整个柜门涂满WATCO木蜡油。

   ※以上仅为单个顶柜门的手工过程，请根据实际顶柜数目重复上述步骤。
7. 涂上白色水性漆。

拆解图

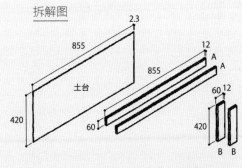

组合图

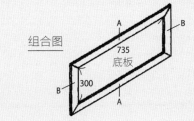

复古风房门

只需单板就可以完成的年代感满满的房门

采用相同的制作步骤，只要改变装饰板的位置和配色方案，就能创造出不同的有趣风格。

［材料］

[通用材料]
- 底板用/水性漆（红、蓝、褐色）
- All Cracked Up牌涂料
- 遮盖保护膜 ·腻子粉
- 木工用粘合剂 ·把手（带螺丝）

[灰色门材料]
- 底板用/胶合板
  （长1800mm×宽920mm×厚12mm）1块
- A装饰用/柳安单板
  （长1800mm×宽100mm×厚9mm）2块
- B装饰用/柳安单板
  （长720mm×宽100mm×厚9mm）2块
- C装饰用/柳安单板
  （长720mm×宽200mm×厚9mm）1块
- D装饰用/柳安单板
  （长890mm×宽60mm×厚9mm）2块
- 踢脚线（720mm）2根
- 踢脚线（510mm）2根
- 踢脚线（200mm）6根
- 踢脚线（890mm）6根
- 表层漆/水性漆（灰色）

［工具］
- 电钻 ·锯子
- 轴锯箱 ·滚筒刷&滚筒刷托盘
- 毛刷
- 卷尺
- 角尺

[白色门材料]
- 底板用/柳安单板
  （长1800mm×宽920mm×厚12mm）1块
- A装饰用/柳安单板
  （长1800mm×宽100mm×厚9mm）2块
- B装饰用/柳安单板
  （长720mm×高200mm×厚9mm）2块
- C装饰用/柳安单板
  （长720mm×高100mm×厚9mm）1块
- D装饰用/柳安单板
  （长800mm×宽150mm×厚9mm）1块
- E装饰用/柳安单板
  （长500mm×宽150mm×厚9mm）1块
- 踢脚线（285mm）8根
- 踢脚线（800mm）4根
- 踢脚线（500mm）4根
- 表层漆/水性漆（白色）

拆解图

[灰色]

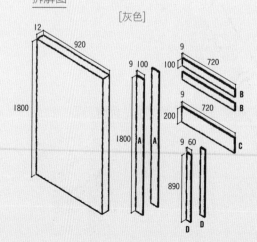

[白色]

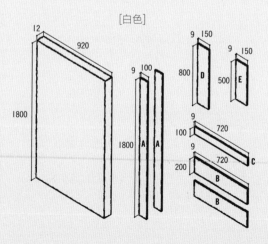

组合图

[灰色]

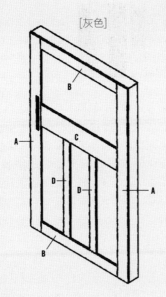

[白色]

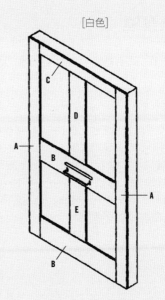

制作步骤

1. 将装饰用木板用粘合剂贴在底板上。

2. 用轴锯箱把踢脚线两端切割成45°角。

   ※轴锯箱的用法请参照第81页。

3. 用粘合剂把切割好的踢脚线贴在装饰板内侧。

4. 踢脚线之间如果有间隙的话，可用腻子粉填补。

5. 用遮盖保护膜保护墙壁和地板，把木门立起来涂上底漆。不论红色、蓝色还是褐色，把你想重点突出的颜色涂在中心即可。

6. 在想打造风吹日晒年代感的部位涂上All Cracked Up牌涂料。

7. 涂上表层漆。

8. 装上把手。

在装饰板的内侧贴上踢脚线。

全身镜

打开门就拥有一个少女心满满的世界

利用五用收纳架（见第118页）的空隙放置全身镜，再贴上花纹壁纸，连空气都变得可爱起来。

材料

- 镜子（不用的镜子也可以，尺寸比底板稍微小一些）
- 底板用/柳安单板（长1800mm×宽300mm×厚2.3mm）1块
- A装饰用/柳安单板（长1800mm×宽70mm×厚9mm）2块
- B装饰用/柳安单板（长160mm×宽70mm×厚9mm）2块
- C装饰用/柳安单板（长160mm×宽160mm×厚9mm）1块
- 踢脚线（长160mm）4根
- 踢脚线（长750mm）4根
- 粘贴镜子用/强力双面胶
- 壁纸用/双面胶
- 壁纸
  我的选择：SANDERSON牌"英伦风壁纸"DCLARM101款式
- 合页（带螺丝）
- 水性漆（白色）

工具

- 电钻
- 锯子
- 美工刀
- 角尺
- 滚筒刷&滚筒刷托盘
- 毛刷
- 白色记号笔
- 轴锯箱
- 卷尺

制作步骤

1. 用强力双面胶把镜子贴在五用收纳架（见第118页）的空隙处。
2. 用粘合剂把A和B装饰板固定在底板的四边。
3. 在底板的中间放上C装饰板并用木工用粘合剂固定。
4. 用轴锯箱把踢脚线的两端切成45°角。
   ※轴锯箱的用法请参照第81页。
5. 用粘合剂把切割好的踢脚线固定在装饰板的内侧。
6. 用遮盖保护膜保护地板，在装饰板和踢脚线的一侧涂漆。
7. 在步骤6的基础上安装把手。
8. 在五用收纳架上安装合页。
9. 在门里侧用双面胶贴上壁纸。
10. 另外，可以用白色记号笔在镜子旁边写上自己喜欢的话哦！

门部分拆解图

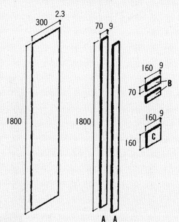

门部分组合图

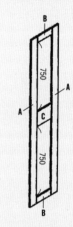

⑥

从边上开始涂的话效果更好。

⑨

鞋柜

既能收纳又能隔断空间，
这么可爱又实用的鞋柜哪里找！

利用书架改造而来，在已有基础上进行改造，轻松享受DIY。

材料

- 书架（长800mm×内宽280mm×高2010mm）
- 底板用/柳安单板（长2176mm×宽820mm×厚15mm）1块
- A装饰用/隔板（长820mm×宽88mm×厚12mm）2块
- B装饰用/隔板（长644mm×宽88mm×厚12mm）1块
- C装饰用/隔板（长2000mm×宽88mm×厚12mm）2块
- D装饰用/隔板（长820mm×宽88mm×厚2.3mm）7块
- 踢脚线（长644mm）2根 • 踢脚线（长1092mm）2根
- 螺丝钉

工具

- 轴锯箱
- 电钻
- 锯子
- 卷尺
- 角尺
- 布
- 橡胶手套

制作步骤

1. 用粘合剂将隔板A固定在单板上，在两端安装螺丝钉固定。
2. 用粘合剂将隔板C固定在单板上，在两端安装螺丝钉固定。
3. 有间隔地用粘合剂将隔板D固定在单板上，在两端安装螺丝钉固定。
4. 用粘合剂将隔板B固定在隔板D上方，在两端安装螺丝钉固定。
5. 使用轴锯箱将踢脚线两端切割成45°角。
   ※轴锯箱的用法请参照第81页
6. 将踢脚线用粘合剂固定在门板上。
7. 用布给柜体涂上WATCO木蜡油。
8. 用合页将门安装在书架上。

⑥

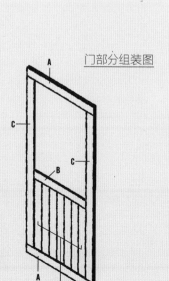

⑦

门部分拆解图

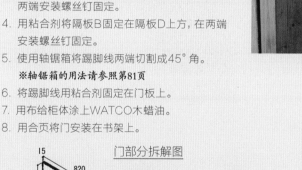

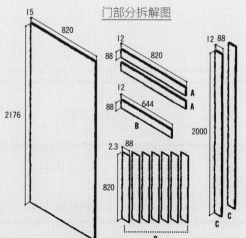

门部分组装图

书架

是书架还是电脑桌？其实是一举两得

书、杂货和电脑都能收纳，多么方便的"万能架"！还有可滑出键盘哦！

材料

- A侧面用/踏板（杉木）（长1800mm×宽230mm×厚30mm）2块
- B架板用/胶合板（长1210mm×宽230mm×厚15mm）6块
- C支撑架子用/杉木板（长200mm×宽23mm×厚15mm）10块
- D抽屉用/胶合板[长（B的长度—滑轨的厚度）×宽228mm×厚15mm]1块
- 滑轨2个
- 木工用粘合剂
- 螺丝钉
- 暗榫

工具

- 电钻
- 开孔用钻头
- 锯子

制作步骤

1. 用电钻在2块A板的侧面开底孔，以备安装在架子上。
2. 用螺丝钉把滑轨的轨道部分安装在A板上。
3. 用粘合剂把C板暂时固定在A板上，从C板向A板方向安装螺丝钉固定。
4. 用2块A板和2块B板做框架。先用粘合剂固定，再从A板向底孔处安装螺丝钉固定。
5. 先用粘合剂将4块B板粘在框架上，再从A板向底孔处安装螺丝钉固定。
6. 在D板的侧面装上滑轨，并与轨道部分组合。
7. 在螺丝孔处填上暗榫，多出来的部分用锯子锯掉。

⑦

最后隐藏掉螺丝孔，使整体看上去更加美观。

拆解图

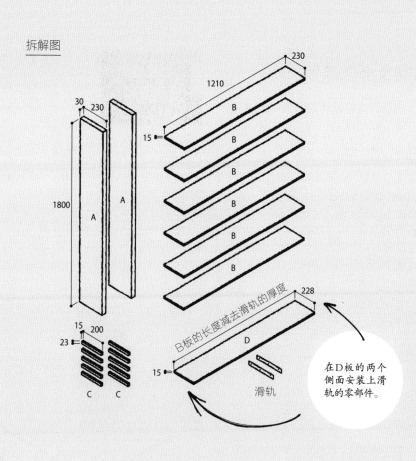

230
1210
B
30
230
15
15
A
A
1800
B
B
B
B
B

15 200
23
C C

B板的长度减去滑轨的厚度
228
D
15
滑轨

在D板的两个侧面安装上滑轨的零部件。

组合图

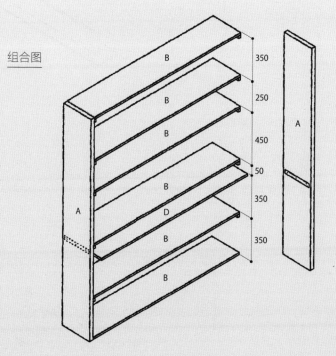

B
350
B
250
A
B
450
A
50
B
350
D
B
350
B
A

植物&书摆放架

让人仿佛沐浴在森林里的小小绿洲

下层是绘本架，上层是植物架。对面竟然就是床！巧妙地遮盖暴露生活感的被子，这种不经意感堪称满分设计。

材料

- A侧面用/胶合板（长850mm×宽200mm×厚15mm）2块
- B背板用/胶合板（长1370mm×宽850mm×厚15mm）1块
- C正面用/SPF板（长1370mm×宽180mm×厚19mm）1块
- D架板用/胶合板（长1370mm×宽185mm×厚15mm）3块
- E装饰用/踏板（杉木，长850mm×宽200mm×厚6mm）2块
- 铁棒（直径10mm×长1400mm）
- 螺丝钉（长25mm）
- BRIWAX家具蜡
- 木工用粘合剂

工具

- 电钻
- 开孔用钻头
- 布
- 橡胶手套

制作步骤

1. 安装架子前，先用电钻在B板上打底孔。
2. 用电钻在2块A板上打底孔和铁棒孔（直径约11mm）。
3. 在距离D板长边有一些距离的地方，用粘合剂将C板粘在一块D板上，并从D板的底侧安装螺丝钉固定。
4. 用2块A板、1块B板和1块未使用的D板组装成框架，先用粘合剂粘贴再用螺丝钉固定。
5. 把步骤3中与C板组合的D板和剩下的D板安装在框架上，都先用粘合剂粘贴再用螺丝钉固定。
6. 在A板上插上铁棒。
7. 用粘合剂在侧面贴上E板，四角用螺丝钉固定。
8. 用布涂满BRIWAX家具蜡。

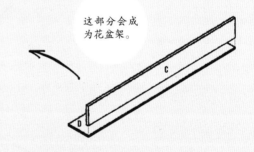

这部分会成为花盆架。

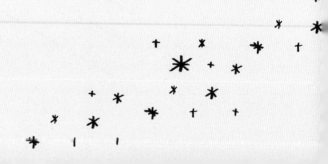

拆解图

组合图

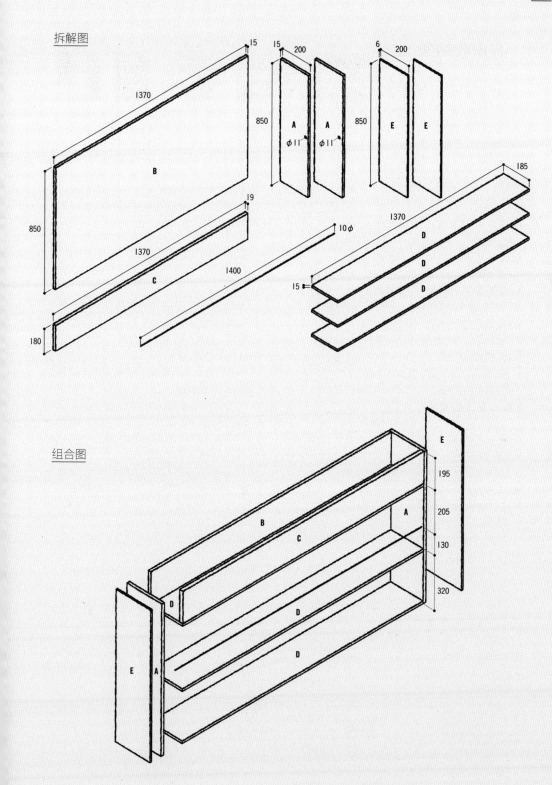

五用收纳架

以一抵五的万能收纳架

正面: 电视架　背面上层: 工具收纳　背面下层: 置物架　右侧面: 梳妆台　左侧面: 全身镜

包揽了电视架、工具收纳、置物架、梳妆台和全身镜五种功能的强大收纳架。还隔断出另一个小空间，作为孩子的秘密基地也未尝不可!

材料

底柜部分

- a骨架用/方形木材(加工杉木)
  (长850mm×宽30mm×厚30mm)2根
- b骨架用/方形木材(加工杉木)
  (长1880mm×宽30mm×厚30mm)2根
- c骨架用/方形木材(加工杉木)
  (长746mm×宽60mm×厚30mm)6根
- d骨架用/方形木材(加工杉木)
  (长240mm×宽60mm×厚30mm)6根
- A桌面用/胶合板
  (长1820mm×宽340mm×厚24mm)1块
  ※两角要有30mm×40mm的缺口,请参照下页草图
- B&D装饰用/踏板
  (长340mm×宽108mm×厚5mm)各1块
  ※一角要有30mm×40mm的缺口,请参照下页草图。
- C装饰用/踏板
  (长340mm×宽104mm×厚5mm)16块
- E支撑架用/白松板
  (长285mm×宽30mm×厚25mm)8块
- F架板用/胶合板
  (长850mm×宽300mm×厚12mm)4块
- G正面用/胶合板
  (长1820mm×宽776mm×厚24mm)1块
- H装饰用/杉木板
  (长776mm×宽100mm×厚9mm)19块
- I装饰角线/SPF木材
  (长1820mm×宽40mm×厚40mm)1根

顶部和侧边材料

- e骨架用/方形木材(加工杉木)
  (长1800mm×宽90mm×厚30mm)4根
- f骨架用/方形木材(加工杉木)
  (长1820mm×宽90mm×厚40mm)2根
- g骨架用/方形木材(加工杉木)
  (长935mm×宽30mm×厚30mm)4根
- h骨架用/方形木材(加工杉木)

  (长300mm×宽30mm×厚30mm)4根
- J背面用/胶合板
  (长1820x宽905x厚24mm)1块
- K装饰用/柳安带孔胶合板
  (长1820mm×宽905mm×厚9mm)1块
- L灯具用/胶合板
  (长400mm×宽110mm×厚12mm)1块
- M灯具用/胶合板
  (长122mm×宽110mm×厚12mm)2块
- N灯具用/胶合板
  (长400mm×宽110mm×厚12mm)1块
- O侧面用/胶合板
  (长1800mm×宽300mm×厚12mm)2块
- P侧面用/柳安单板
  (长1800mm×宽300mm×厚9mm)1块
- Q装饰用/柳安单板
  (长1800mm×宽70mm×厚9mm)2块
- R装饰用/柳安单板
  (长160mm×宽70mm×厚9mm)2块
- S装饰用/柳安单板
  (长160mm×宽160mm×厚9mm)1块

其他

- 螺丝钉(长50mm)　　•木工用粘合剂
- WATCO木蜡油　　•遮盖保护膜
- 灯具(可安装在家具底部,带有配套金属部件的类型)
- 直角"L"形金属部件(带螺丝钉)
  ※木材以外的全身镜的材料请参照第112页
  ※不包含制作梳妆台部分的材料,使用的是按自己喜好在市场上买来的收纳箱。

工具

- 电钻　　•布　　•橡胶手套
  ※全身镜的材料请参照第112页

骨架拆解图

骨架图

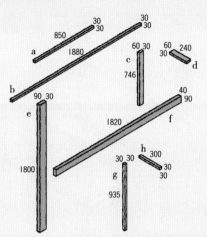

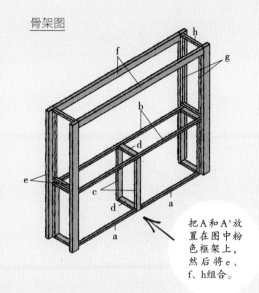

把A和A'放置在图中粉色框架上，然后将e、f、h组合。

底柜部分；拆解图

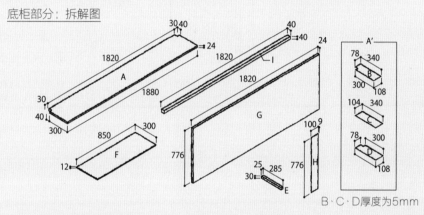

B·C·D厚度为5mm

顶部&侧面部分；拆解图

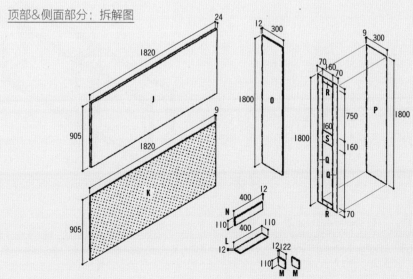

底柜部分：组合图

顶部和侧边：组合图

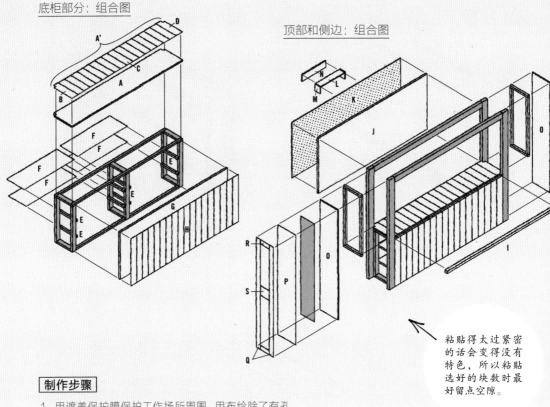

制作步骤

1. 用遮盖保护膜保护工作场所周围，用布给除了有孔板之外的木材涂上Watco木蜡油。

2. 组装好底柜的框架。用2根b和2根d组成长方形框架，先用粘合剂粘贴再用螺丝钉固定。

3. 在步骤2做好的框架的中部插入1根d，先用粘合剂粘贴再用螺丝钉固定。

4. 将2根c和1根d组成"コ"形框架，先用粘合剂粘贴再用螺丝钉固定，用同样的材料共做3个"コ"形框架。

5. 将步骤4中做好的3个"コ"形框架与步骤3中做好的框架组合，先用粘合剂粘贴再用螺丝钉固定。

6. 在步骤5组合而成的框架上的"コ"形间插入2根a，先用粘合剂粘贴再用螺丝钉固定。

7. 在目前的框架上面放置A板，并用钉子固定。A板的前侧的长边与框架对齐，后侧的长边会稍稍超出框架一点。

8. 在A板上排列放置B、C、D板，用粘合剂粘贴，这里暂时将装饰板的一层称为"A'"。

9. 组合顶部和侧边部分的框架，用2根g和2根h组合成长方形木框，先用粘合剂粘贴再用螺丝钉固定。用同样的方法再做一个长方形木框。

10. 把这2个长方形框架固定在步骤8制作完成的A'两端，先用粘合剂粘贴再用螺丝钉固定。

粘贴得太过紧密的话会变得没有特色，所以粘贴选好的块数时最好留点空隙。

②~⑥底柜的框架

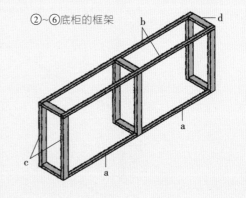

⑦～⑪
侧视图

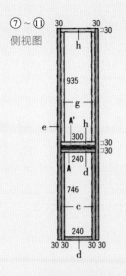

⑪俯视图

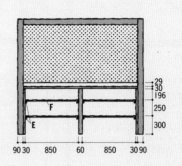

⑬后视图

11. 在步骤10完成的框架两侧组装顶部和侧边部分的框架e, 可参考俯视图⑪, e的位置以距离底柜c木料内侧30mm为佳。

12. 在e的上部组装2根f, 先用粘合剂粘贴, 再用螺丝钉固定。

13. 在底柜部分的框架上安装支撑架子用的E板, 并用螺丝钉固定。安装位置参照后视图⑬。

14. 在步骤13完成的框架上放置架板F并固定。

15. 用螺丝在底柜框架的前侧固定G板。

16. 在G板上用粘合剂固定装饰板H。

17. 用SPF木材I木条遮住A板和A'板的切口, 先用粘合剂粘贴再用螺丝钉固定。

18. 在框架背面贴上J板, 并用螺丝钉固定。

19. 在J板上贴上带孔的K板, 先用粘合剂粘贴再用螺丝钉固定。

20. 用粘合剂将2块O板粘贴在框架的两个侧面, 并用螺丝钉固定。

21. 参考第112页全身镜的制作方法并将其组合到框架的左侧面。

22. 在右侧面自由地放置买来的收纳箱, 先用粘合剂粘贴再用螺丝钉固定。

23. 制作粘在背面的灯。将L板、M板、N板组合, 先用粘合剂粘贴再用螺丝钉固定。

24. 在步骤23组合成的框架内侧使用配套的螺丝钉安装直角"L"形金属部件。

25. 在L板内侧安装好固定灯具的金属部件。
※此处要使用与灯配套的金属部件。

26. 安装好灯具。

27. 把直角"L"形金属部件用螺丝钉固定在带孔的K板上。

记得提前在M板上开好灯的线路通道孔哦。

㉓

㉔

㉕

㉖

橱柜

不仅收纳能力极强，
还有隔断空间的效果

正面　背面

最初先给开放式餐具架
装上了门，我选择使用
PC板代替玻璃，这样
家里有小孩子也不必担
心安全问题了。

材料

- a框架用/方形木材（加工杉木）
  （长510mm×宽30mm×厚30mm）4根
- b框架用/方形木材（加工杉木）
  （长442mm×宽30mm×厚30mm）2根
- c框架用/方形木材（加工杉木）
  （长817mm×宽30mm×厚30mm）6根
- d框架用/方形木材（加工杉木）
  （长1040mm×宽30mm×厚30mm）2根
- e框架用/方形木材（加工杉木）
  （长757mm×宽30mm×厚30mm）2根
- f框架用/方形木材（加工杉木）
  （长330mm×宽30mm×厚30mm）2根
- A桌面用/胶合板
  （长1662mm×宽609mm×厚24mm）1块
- B底柜用/胶合板
  （长817mm×宽540mm×厚12mm）2块
- C底柜用/胶合板
  （长817mm×宽418mm×厚12mm）1块
- D底柜用/胶合板
  （长817mm×宽360mm×厚12mm）2块
- E底柜用/胶合板
  （长1016mm×宽817mm×厚12mm）1块
- F底柜用/胶合板
  （长817mm×宽582mm×厚12mm）1块
- G底柜用/胶合板
  （长817mm×宽502mm×厚12mm）1块
- H底柜用/胶合板
  （长817mm×宽192mm×厚12mm）1块
- I底柜用/胶合板
  （长1058mm×宽817mm×厚12mm）1块
- J底柜用/胶合板
  （长817mm×宽402mm×厚12mm）1块
- K架板用/胶合板
  （长526mm×宽416mm×厚15mm）2块
- L架板用/胶合板
  （长1014mm×宽346mm×厚15mm）2块
- M装饰用/隔板（长817mm×宽88mm×厚
  9mm）自由选择块数
- N架子支撑用/白松板
  （长480mm×宽25mm×厚15mm）4根
- O架子支撑用/白松板
  （长300mm×宽25mm×厚15mm）4根
- P架子用/胶合板
  （长130mm×宽85mm×厚15mm）2块
- Q架子用/胶合板
  （长970mm×宽85mm×厚15mm）1块
- R木框用/方形木材（白松）
  （长350mm×宽18mmmm×厚12mm）2根
- S木框用/方形木材（白松）
  （长380mm×宽18mm×厚12mm）2根
- T木框用/方形木材（白松）
  （长540mm×宽18mm×厚12mm）4根
- U木框用/方形木材（白松）
  （长466mm×宽18mm×厚12mm）4根
- PC板
  （长378mm×宽348mm×厚3mm）1块
- PC板
  （长538mm×宽464mm×厚3mm）2块
- 圆形手工棒（直径10mm×长度970mm）1根
- "L"形金属板（带螺丝）12个
- 合页6个
- 把手
- 接缝材料
- 木工用粘合剂
- 黑板漆
- 遮盖保护膜
- 螺丝钉（长35mm）
- 瓷砖
- 瓷砖胶
- 水性漆（白）
- 木材用保护剂

工具

- 电钻
- 铆钉机
- 毛刷
- 容器
- 开孔用钻头
- 滚筒刷&滚筒刷托盘
- 刮刀
- 布

櫥柜主体及其拆解图

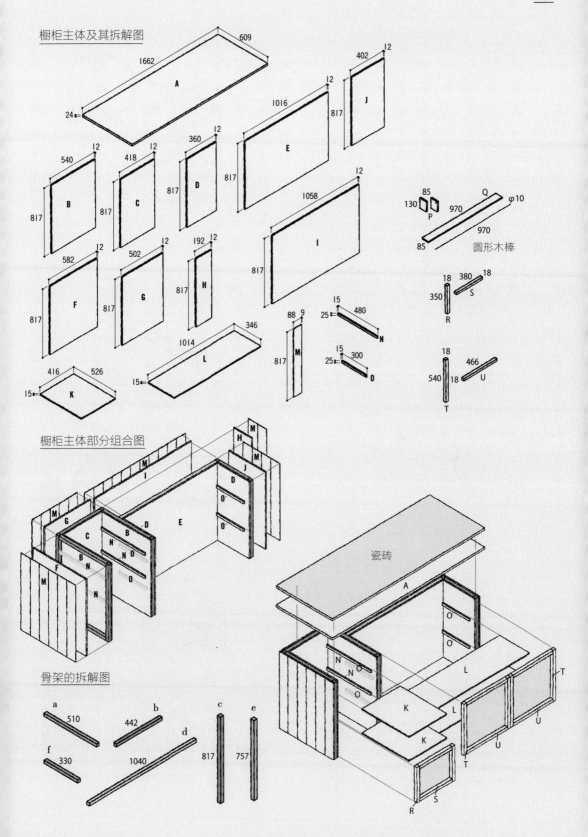

圆形木棒

櫥柜主体部分组合图

瓷砖

骨架的拆解图

②～⑦骨架组装方法

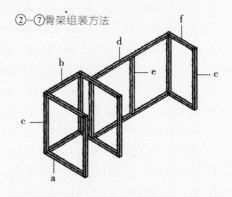

所有木条和木板的连接处，都先用粘合剂再用螺丝固定。

制作步骤

1. 在施工场所附近贴上遮盖保护膜，用水性漆把所有木材涂白，并在上面涂上木材用保护剂。

2. 组合底柜部分的框架。将a和c组合成长方形，并从c上安装螺丝钉固定。

3. 重复步骤2，再做一个相同的框架。

4. 为使步骤1和步骤2制作的2个框架能够平行摆放，用2根b把2个框架连接起来，组成"コ"字形，此时从c方向安装螺丝钉组装。

5. 将c和f组合成长方形框架，此时从c方向安装螺丝钉组装。

6. 将2根d用1根e从中间垂直地连接起来，此时从d方向安装螺丝钉组装。

7. 将步骤4、步骤5和步骤6中做好的框架组合起来。从a的方向钉螺丝组装步骤4和步骤5做好的框架，在2根a中间垂直插入1根e进行固定；从c的方向钉螺丝，垂直组装步骤5和步骤6做好的框架。

8. 将2块P板和Q板组合，此时从P方向安装螺丝钉组装。

9. 在P板上涂上黑板漆并插入圆形木棒，柜体正面的架子就完成了。

10. 使用2根R和2根S制作框架，框架的四角从里侧用"L"形金属板固定。

11. 把PC板切割至比步骤10中制作好的木框稍小的尺寸，用铆钉机从内侧固定在框架上，这部分就是置物架的门了。

12. 按照步骤10和步骤11的做法，用2根T和2根U制作餐具架的门，注意也要在里侧的四角用"L"形金属板加固，最后从外侧安装把手。之后再做1块相同的。

⑧～⑨柜子架

⑩

⑪

⑪置物架篇

⑫餐具架篇

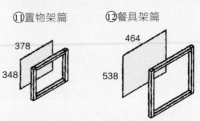

378
348

464
538

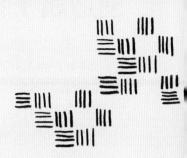

13. 在框架上放置板子制作底柜。紧密沿着框架内侧粘贴B板，之后再粘贴C板。

14. 紧沿着框架内侧粘贴D板，再粘贴E板。

15. 在框架外侧按照顺序粘贴F、G、H、I、J板。

16. 在F、G、H、I、J板外侧分别粘贴M装饰板覆盖。

17. 把步骤9中制作的架子安装在正面的M板上的指定位置。

18. 在B板上安装支撑架子用的N板，在D板上安装支撑架子用的O板。

19. 在上一步安装好的支撑板上放上K板和L板并固定。

20. 将步骤11中制作的置物架门、步骤12中制作的餐具架门用合页安装在指定位置。

21. 置物架门的2个合页设置在上部，餐具架门的4个合页安装在侧面。

22. 放置桌板A并固定。

23. 参考第90页在A板上贴瓷砖。

如果装饰板粘贴得太过紧密，气氛会很压抑，考虑好装饰板的块数后，粘贴时留点空隙比较好哦。

⑰安装架子的位置

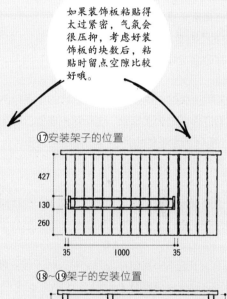

⑱~⑲架子的安装位置

⑳门的安装位置

考虑到合页的厚度，餐具架的门左右留出12mm，置物架的门上下留出了5mm，都比架子的尺寸稍小一些。

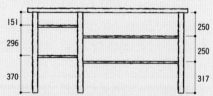

合页　合页　合页

置物架部分的门　　餐具架的门

结语
创造属于自己的生活

———

最初这里是使我郁闷不已的家，
但在这陈旧的房间里，
我惊喜地遇到了DIY，
现在这里变成了我最爱的地方。

日积月累，感情越来越深。
每添加一点改变，我就多爱这里一些。
或许直接搬家也能得到"美好的生活"，
但是只要生活还在，
那我就会继续发掘DIY的魅力。

就如同服装的时尚变化万千，装修的审美自然也不会一成不变，
随着四季更迭更换壁纸，重新粉刷墙壁让氛围焕然一新。
通过DIY所创造的生活多了份自由和快乐，
让我的每一天都更加充实。

不论对于租赁房还是自有产权房来说，这种感觉都是一样。
跟住在哪里也无关，决定因素是居住人的心境。

无论买下这本书是偶然还是必然，对于读到最后的你，我都满怀感激。
读完之后或许还是有人不知道"DIY"这个词语，
"虽然不知道是什么，但就是想试试看"，
只要你有一点点这样的想法，那我就感到无比荣幸了。
DIY里隐藏着无限的可能，
或许只需要一点点努力，就能让家发生变化，心情也会截然不同。
因为这就是一个很简单的事情，先从手边的东西开始改造吧。
让我们一起开启"DIY Life"的旅程。

Let's Enjoy Do It Yourself!

久米真理